国家自然科学基金项目(51908495)资助

Characteristic Construction

——The Practice and Exploration of Rural Living
Environment in Zhejiang Province

特 色 营 造

—— 浙江乡村人居环境实践探索

刘 声 姚 敏 著

ZHEJIANG UNIVERSITY PRESS
浙江大学出版社

图书在版编目(CIP)数据

特色营造：浙江乡村人居环境实践探索 / 刘声，姚
敏著. —杭州：浙江大学出版社，2021.6
ISBN 978-7-308-21408-7

Ⅰ.①特… Ⅱ.①刘… ②姚… Ⅲ.①农村—居住环
境—浙江 Ⅳ.①X21

中国版本图书馆 CIP 数据核字(2021)第 097606 号

特色营造——浙江乡村人居环境实践探索
刘 声 姚 敏 著

责任编辑	石国华	
责任校对	胡岑晔	
封面设计	周 灵	
出版发行	浙江大学出版社	
	(杭州市天目山路 148 号 邮政编码 310007)	
	(网址：http://www.zjupress.com)	
排 版	杭州星云光电图文制作有限公司	
印 刷	浙江省邮电印刷股份有限公司	
开 本	787mm×1092mm 1/16	
印 张	11	
字 数	275 千	
版 印 次	2021 年 6 月第 1 版 2021 年 6 月第 1 次印刷	
书 号	ISBN 978-7-308-21408-7	
定 价	78.00 元	

地图审核号：浙 S(2020)17 号

浙江大学出版社市场运营中心联系方式：0571－88925591；http://zjdxcbs.tmall.com

序　言

　　特色营造，一直是乡村建设中的痛点与难点，本书内容聚焦于此，无疑极具现实意义。我们的乡村，曾经是有特色的，特别是那些具有传统风貌的乡村。然而除了被划入各种保护名录或地处偏远地区的少部分乡村，其风貌得到了延续和保存，如今其他大部分地区的乡村风貌特色消失殆尽。以浙江为例，经过改革开放 40 余年的高速发展，乡村的产业结构与社会形态呈现多元发展态势，大范围的乡村归并、人口聚集和产业结构调整，使得乡村社会发生了重大的变迁，特别是第一产业在乡村经济中的比重逐年下降，休闲旅游、服务业、加工业等的比重逐年上升，社会和经济大转型，引发了乡村的居住与生活方式的巨大变化，也使得当下很多乡村的空间格局与外观风貌既不像"村"，又不像"城"，变得混杂、模糊。基于对乡村风貌问题的迫切修正和对乡村全面发展的促进，浙江从 2003 年就开始了以"千万工程"（千村示范、万村整治）为代表的系列城乡统筹发展的重大工程，旨在针对乡村的自然生态、经济社会、聚落风貌等方面的问题展开密集的攻坚行动，如今也取得了丰硕的阶段性成果，涌现出了不少创新做法与新的范式，成为我国改革发展中先行先试的"模范生"。正是在这样一种背景之下，本书依托浙江的乡村发展实践，从规划师、建筑师的视角，探讨了特色营建之路，这对于理清特色发展的理念、内涵与途径具有非常积极的作用。

　　特色的理解与认知，是一个动态发展的过程。本书虽然重点在于分析实践中的策略与途径，但是却不拘泥于操作层面，而是从价值认知与判断层面进行诸多分析，难能可贵。早期传统乡村的风貌特色，主要源于宗族社会下的统一协调，以及顺应自然的相互共存，特色在大体上等同于"和谐一致"。后来一些村庄"千村一面"，特色在很大程度上可理解为具有辨识度的"差异性"。而如今，对于特色的理解则更多的是基于环境、产业、人文等资源去找到适宜的发展路径，风貌上不一定多么别具一格，但需要得体，让人感觉到乡村之美。这种美的来源，则正如书中所言："美在环境，美在历史，美在生活。"这种认知，也代表着对特色内涵理解的深入与全面，也更加符合事物的原本规律，因为在开放、多元的时代背景下，建筑风貌的统一变得不可能也不必要，所以在本书案例节点景观与建筑风貌的营建中,并未追求完美统一或标新立异,而更在乎的是其与周边环境关系的塑造,在整体综合的视角之下,解决问题,重塑和谐。

　　本书基于大量第一手的调研资料与设计实践,展现了作者宽阔的视野以及解决问题的综合能力,所选择的案例包括了山地、平原、海岛等多个村庄,几乎涵括了浙江所有类型的村庄。这些案例也极具典型性,比如丽水莲都区高速沿线村庄,其问题在很多地方都具有共性,所提出的诸如"显山水、藏农居、巧点缀、传文化"的系列策略也具有很强的普适性。建筑与规划,毕竟是实践性的学科,在干中学,在学中干,这是学科发展的一般路径,也是个人成长的有效方式。刘声和姚敏都是浙江大学建筑系的优秀学子,我与他们在工作中也有很多合作,一路上见证了他们的成长。这本书就是这一成长过程中的阶段性成果,我为他们能有这样的成绩感到欣喜和自豪,也期待他们将来在专业上能获得更大的成就!

浙江大学建筑系教授　贺　勇

2021 年 2 月 6 日于浙江大学紫金港

前　言

　　改革开放后,中国乡村发展建设的热度持续高涨。从 2005 年提出建设社会主义新农村,到 2013 年掀起美丽乡村建设热潮,再到 2017 年党的十九大提出乡村振兴战略,2020 年党的十九届五中全会明确优先发展农业农村的具体举措,乡村建设已经上升到国家战略的重要关注点。浙江省作为"绿水青山就是金山银山"理念的诞生地,省委、省政府对乡村建设一直保持高度重视,大力实施了"千村示范、万村整治"工程(2003),提出了《浙江省美丽乡村建设行动计划(2011—2015)》《浙江省深化美丽乡村建设行动计划(2016—2020)》《全面实施乡村振兴战略高水平推进农业农村现代化行动计划(2018—2022)》。许多村庄在经历了各项建设行动和示范工程后,成为全国农村人居环境改善的"样板地"。但是仍存在同一地域内乡村风貌、设施、产业同质化的普遍现象。基于村民对美好生活的向往和乡村产业错位竞争的需求,众多村庄也有待走向小规模、渐进式的特色品质转型。

　　在浙江现有乡村建设实践中,《浙江省村庄设计导则》《浙江省村庄规划编制导则》等为乡村营造提供了依据。这些导则虽然具有省域层面的范式指导性,但其关注点在于通用的建设标准而非有针对性的特色营造,因此,对乡村特色化体系发展的相关研究仍有待探索。目前,较多的乡村营造仍然缺乏特色的整体视角,多集中在民居风貌特色或产业特色等单一方面,忽视了乡村人居环境特色的系统性。例如,村落空间特色营造集中在建筑单体视角,脱离了与周边乡土环境、产业经济的关联;在产业特色营造上,出现了仅关注经济生产特色,而生态环境、文化环境的协同特色营造则较弱等问题。我们亟须从乡村振兴的战略层面扭转思路,系统地把特色营造落实到民居、产业、景观、村落肌理等各个要素,进一步提出满足乡村可持续发展和高品质生活需求的特色营造模式,并予以整体式特色型规划实践,才能形成系统协调乡村环境特色的各个层面,有力突破既有特色单一的振兴困境。

　　我对乡村的热爱萌芽于 2009 年开始的美国硕士学习,以及之后前往西班牙、捷克、英国、日本、韩国等国的短期乡村游历。这些国家乡村建设起步较早,已经进入成熟阶段。其乡村的优美环境及安宁祥和让城市居民和游客都十分向往。自 2011 年回国后,我发现中国大批的乡村也正在努力建设而且发展潜力巨大,于是秉承着一份向往和关联的专业知识,开始参与浙江乡村的研究与实践,陆续完成了多项乡村领域的研究与规划设计,主持了传统村落活力评价相关的国家自然科学基金课题,也参与了乡村人居环境相关的多项省部级课题。在此过程中,我走访调研了浙江境内上百个村落,同时也有幸见证了浙江乡村在这七年中的迭代,包括村容村貌的有效提升、乡村旅游的转变发展、村民生活的便捷幸福。有感于这些快速转变下仍然凸显的同质化问题,我试图基于自身的所见所闻及项目实践进行系统性回应。本书主要对乡村"特色营造"进行理论构建,并梳理和反思负责或主要参与过的实践成果,对分类特色化营造进行实践总结。

本书主要围绕"特色营造",在第 1 章中归纳总结了浙江乡村营造的历程与矛盾,在第 2 章中探讨了乡村人居环境特色类型及其形成机理与要素体系。第 3 章和第 4 章分别针对集群化和精品化两个方向的乡村特色营造,分类辅以形象直观的实践范式。第 1、2、4 章由刘声撰写,第 3 章由姚敏撰写。成书的动力大多来源于实践的感悟,故期待本书成为对乡村特色营造的具有较强针对性和指导性的理论方法与实践探索成果;同时在完善乡村营造特色化体系、推广特色乡愁的系统传承中,为全国乡村振兴工作解决同质化、提升竞争力提供思路。

最后,要特别感谢给予我们信任和实践机会的各地地方政府,感谢浙江大学的贺勇教授、葛坚教授、李王鸣教授、胡晓鸣教授对我们的长期指导,感谢给予我科研教学工作机会的浙大城市学院和校内师生,感谢浙江大学城乡规划设计研究院厉华笑院长、许建伟副院长对于本书出版的支持。感谢课题组张鑫锋、沈清、陈铭、柏明、黄珂、蔡安娜、柴舟跃、文清、武悦、朗珍、王心怡等对项目调研和书籍编辑的支持。感谢浙江大学出版社石国华副编审对书籍出版的悉心指导。

刘　声

2020 年 12 月于杭州

目　录

第1章

绪　论

　　特色营造是乡村振兴宏观政策和人民高品质生活的共同需求。浙江乡村在多轮迭代更新下,主要在四个方面发生了鲜明的转变:营建主体、产业功能、乡村风貌、乡村建设管理。但其人居环境特色营建仍然存在一些问题和矛盾,值得进行专题化的理论梳理和实践探索。本书旨在完善乡村发展的特色化体系,从而提升乡村发展的竞争力,增强乡愁传承力和村民归属感。

➤ 研究背景与意义

➤ 浙江乡村营造发展概况

➤ 浙江乡村人居环境营造存在的问题与矛盾

1.1 研究背景与意义

1.1.1 宏观背景

1. 乡村振兴与美丽乡村建设政策背景

(1)国家视角——乡村宏观政策的人居环境导向

在过去的 15 年中,国家层面的乡村政策逐步关注乡村的人居环境。从 2005 年党的十六届五中全会提出建设社会主义新农村,到 2018 年中共中央办公厅、国务院办公厅印发《农村人居环境整治三年行动方案》,已有多项有关乡村建设的国家政策出台,旨在加快推进农村人居环境整治,进一步提升农村人居环境水平。这些国家层面的宏观政策由单一侧重产业转到关注人居环境(见表 1-1)。生态环境营造、人居环境建设已成为乡村建设的重点内容,是未来一段时间内乡村营建的重要抓手。

表 1-1 近年来国家层面的乡村政策梳理

年份	2005	2008	2012	2013	2017	2018
政策	社会主义新农村	村镇清洁工程	美丽中国	美丽乡村建设	《中共中央国务院关于实施乡村振兴战略的意见》解读	《农村人居环境整治三年行动方案》
关注重点	农业产业发展	村镇卫生条件和人居环境	生态文明建设	生态环境营造	乡村振兴是一个设计产业、人居环境改造、生态、文化和乡村治理的系统性工程,要摆在优先位置	农村人居环境

(2)浙江视角——"美丽乡村建设"中的乡村特色侧重

浙江省近年来开展了一系列的乡村建设工程,包括由中共浙江省委、省政府实施的"千村示范、万村整治"工程(2003)等多项政策。由此可见,浙江省对乡村建设一直保持高度重视。乡村建设从人居环境整治、生态宜居到村庄特色挖潜、品质提升的转变,也预示了乡村特色化发展对于美丽乡村建设的重要性(见表 1-2)。

表 1-2　近年来浙江省层面的乡村政策梳理

年份	2003	2010	2016	2018
政策	千村示范、万村整治	美丽乡村建设行动计划	深化美丽乡村建设行动	《全面实施乡村振兴战略高水平推进农业农村现代化行动计划(2018－2022年)》
关注重点	基层组织、经济发展、精神文明、环境整治等多方面	生态人居建设、生态环境提升、生态经济推进、生态文化培育等多个层面	以人为本的乡村人居环境营造	在人居环境方面提出四个要求:系统推进农村生态保护和修复、加强村庄特色风貌引导、全域提升农村人居环境质量、加快农村基础设施提档升级

2. 乡村特色营造的内在需求

乡村对人居环境特色营造有迫切的建设需求,主要体现在两方面:

(1)高品质的生活需求

步入 21 世纪,乡村居民收入水平不断提高,伴随着村民对物质与精神的生活品质需求提升,物质生活层面从过去追求"食"的温饱、"住"的安全、"行"的可达,到现在追求"食"的绿色健康、"住"的舒适宽敞、"行"的高速便捷、"游"的体验多元等。在精神生活层面,村民对地域特色活动、乡村本土记忆等的精神需求愈加强烈。虽然近年乡村图书馆、文化礼堂、村民活动室等活动空间建设不断,但乡村同质化现象普遍,缺乏特色,无法满足村民对于日常娱乐活动的要求。此外,在人口老龄化形势下村民的养老需求迅速增长,乡村青壮年劳动力外流导致传统家庭养老功能弱化,乡村养老需求难以得到满足。乡村人居环境特色营造立足地域本底,凸显地域特色风貌,塑造乡村记忆载体等,这些都是满足乡村高品质生活需求的强有力支撑。

(2)特色化的产业需求

近年来,浙江省内乡村产业逐步转向融合化发展,出现了旅游、度假养生、电商、体验式农业等新型产业。德清环莫干山乡村民宿度假区、桐庐乡村旅游的成功,为乡村旅游发展提供了参考。然而乡村旅游产业发展的同质现象却较为严重,如休闲花海、骑行运动路线遍地开花。产业的长远发展迫切需要结合乡村的地域特色。乡村人居环境特色营造重在利用本土作物、植入地域特色、丰富产业产品,这也是乡村产业特色化发展的长足支撑。

1.1.2　研究意义

1. 完善乡村发展特色化体系

近年来浙江省内的乡村发展开始关注特色营造。然而,当前的乡村建设对乡村人居环境特色的整体把握还比较欠缺,往往局限在民居建设、产业谋划等单一方面,尚未形成完整的特色化发展体系。《浙江省村庄设计导则》《浙江省村庄规划编制导则》等为浙江省乡村营造提供了依据,这些导则具有省域层面的范式指导性,但是由于其关注点在于通用的建设标准而非针对性的特色营造,所以其对乡村特色化体系发展的直接引导较弱。乡村人居环境特色营造应当立足于乡村基底,落实到民居、产业、景观、村落肌理等各个要素,重视营造的系统性。这对于完善乡村发展特色化体系具有重大意义。

2.提升乡村发展竞争力

乡村的同质化发展是以往乡村营造中较为突出的问题。跟风发展、生搬硬套的建设行为导致乡村风貌千篇一律和产业发展雷同,缺少地域特色和产业优势导致乡村的竞争力弱。乡村人居环境特色营造,应基于地域特色,从乡村空间、类型、机理、要素等方面着手,塑造特色化的乡村人居环境,对解决乡村同质化问题、提升乡村发展竞争力也有一定的意义。

3.增强乡愁传承力与村民归属感

城镇化的不断推进,现代化、市场化的乡村营造,消逝了世代相传的家风古训和萦绕于心的乡土情怀,破坏了乡村记忆载体,使得乡土文化断流,村民归属感不断消减。乡村人居环境特色营造应从深层次着手,挖掘乡村记忆及其载体,重视物质及非物质文化的传承,重塑乡村记忆与文化空间,对于增强乡愁传承力、提高村民乡村归属感有着重要意义。

1.2 浙江乡村营造发展概况

改革开放40多年来,浙江省乡村营造总体经历了三个阶段:改革开放之初至20世纪80年代中期(曲折探索阶段),20世纪80年代中期至2010年左右(飞速发展阶段),2010年至今(调整完善阶段);主要经历了营建主体、产业功能、乡村风貌、乡村建设管理四个方面的变迁(见图1-1)。

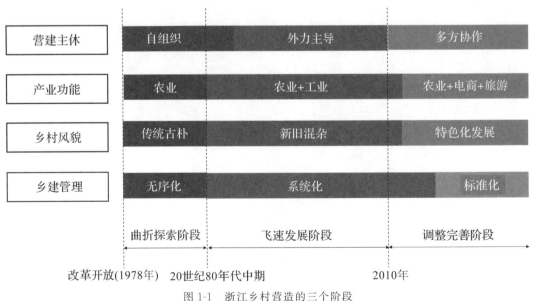

图 1-1　浙江乡村营造的三个阶段

1.2.1　营建主体变迁

随着我国经济的持续增长和城市化进程的稳步推进,国家对城乡关系认知的改变触发了浙江省乡村营建主体的变迁,经历了"村民自组织—政府外力主导—多方参与协作"的转变过程。

1.乡村村民自组织营建

改革开放至 20 世纪 80 年代中期,国家建设重心在于城市而非乡村,在于经济发展而非物质空间建设。在这样的外部环境下,乡村营建多是村民出于自身生活需要而进行的自发性行为,并形成一个"自下而上"的运作机制。乡村道路、民居、公共设施等都是基于村民的日常生活逻辑而完成的。民居建设是以村民为主体的自发营建,而道路、公共服务设施(如食堂、水库)等则是村民"协力合作"的结果。

2.政府外力主导乡村营建

20 世纪 90 年代以来,政府对乡村建设高度重视,乡村营造受到政府外力作用与引导,形成"自上而下"的运作机制。为规范指导村镇建设,我国陆续出台了《村庄和集镇规划建设管理条例》(1993)、《村镇规划编制办法(试行)》(2000)、《城乡规划法》等重要文件与管理办法。

在这一时期的外力主导模式中,政府提供资金、专业设计者提供技术支撑,乡村建设具有高速、高效的特征。政府通过乡村规划、产业投资和价值引导对乡村的物质空间环境、经济社会环境产生影响,具体包括乡村发展定位、产业发展、农房建设、服务设施配置等多方面内容。该时期的乡村营建虽有对经济社会发展的考虑,但多以"硬件"建设为重点内容,如浙江省"千村示范、万村整治"工程中的环保设施建设、兴林富民示范工程、农村住房改造项目等都围绕公共设施、民居建筑等物质空间展开。

3.多方参与乡村营建

2010 年以来,浙江活跃的民营经济促使多主体参与乡村营建活动,使得乡村的旅游经济、民宿经济蓬勃发展。多主体具体包括政府、企业家、第三方机构(学者、设计团队、企业家、非政府组织)等(见图 1-2)。

多方协作方式包括以下几个方面:

(1)政府的主导地位

政府在乡村建设中仍起着重要的推动作用。政府是建设进程的引领者和管理者,同时也是政策的制定者和决策者,乡村建设项目的审批、实施、验收等都在政府管理之下。

(2)企业家的经济推动

企业家通过产业开发触发乡村的经济发展引擎,推动乡村建设。他们活跃在乡村民宿开发、工厂建设等方面。以民宿产业为例,清境(上海)旅游投资管理有限公司通过产业植入,在德清莫干山脚下兴建了一座文化创意园:庾村文化市集,包含了文化展示、艺术公园、乡村教育培训、餐饮配套、艺术酒店等多种业态,推动了莫干山的乡村营建和经济发展。

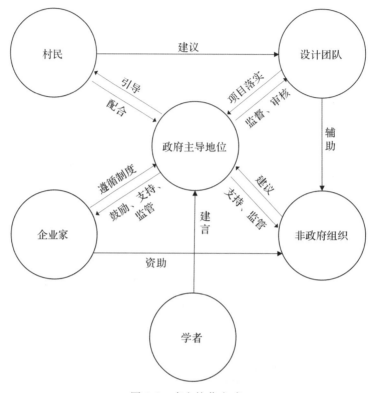

图 1-2　多方协作方式

（3）学者的技术引导

学者拥有专业的知识储备、准确的政策解读力和丰富的乡村建设经验，在乡村建设项目上可以进行有力的技术指导。他们大多通过规划设计、模式创新等方式参与乡村实践。如中国美术学院的王澍教授，针对杭州富阳文村的资源进行整合、整体改造，带动了文村第一、二、三产业的联动发展；浙江大学建筑工程学院建筑系王竹教授，通过构建"小美合作社"实现城市消费者和乡村生产者的点对点直接链接，带动乡村经济的发展。

（4）非政府组织的协调统筹

非政府组织在乡村建设过程中扮演着协调统筹的中间人角色，在政府、专业技术团队、资金、乡村之间协调。他们通过与政府合作获取支持，对项目进行技术评估，在社会上募集资金投入项目建设，为乡村发展注入活力。非政府组织参与的乡村营建大多针对乡村某一具体设施，如杭州临安太阳公社农场中的猪舍与鸡舍建造[①]。

（5）设计团队的项目落实

设计团队具有空间相关的专业技术，在项目的目标策略设定和具体实施中扮演着技术服务的角色。他们通过技术供给保障项目实施，满足乡村的发展需求，以及村民的日常生活需求。

---

① 　王凌云.当代乡村营建策略与实践研究[D].重庆:重庆大学,2016.

(6)村民的自主参与

村民通过开设小作坊,实现自主创业,促进乡村经济发展;通过参加规划编制座谈会,为乡村发展提供建议;同时还参与村庄建设、维护、运营等事宜。

1.2.2　产业功能变迁

随着我国宏观经济发展阶段的变迁和浙江省城镇化进程的不断推进,浙江乡村产业出现了"农业—农业＋工业—农业＋电商＋旅游"的功能变迁。

1.农业主导

改革开放至 20 世纪 80 年代初中期,乡村产业以农业为主。浙江省的农业有别于传统的单一粮食生产,其产业功能主要为经营性农业,形成了农、林、牧、副、渔各业全面发展的综合性农业区域。其传统特色农业包括稻麦、蚕丝、茶叶、棉、茶油、食用菌、森林、畜牧等,且各市各县农业都秉承自己的特色,如衢州、丽水因山地丘陵居多,以山耕农业闻名;温州、宁波、舟山、台州靠海,利用港口优势,大力发展养殖业,以水产品为特色。

2.工业崛起

随着市场经济体制改革的逐步深化,乡村产业结构面临调整,乡村工业开始崛起。政府对乡村工业实行了信贷和税收优惠政策,为农村工业发展提供了有利的政策支持。在此环境下,浙江省乡镇企业迅速崛起并使得乡村经济实现质的飞跃[1]。乡村工业化(以工业产业为主体的非农产业发展)成为热点。浙江乡村工业化模式主要有两大类:建立在传统家庭工业和乡村手工作坊基础上的工业化[1];以工业园区和经济开发区为平台的工业[2]。乡村工业类型可分为资源型工业和加工型工业两大类,其中资源型工业有衢州上方镇的钙产业等;加工型工业较为突出的有温州的打火机、皮鞋,绍兴的染坊,嵊州的领带,永嘉的纽扣,海宁的皮革等。

3.新兴产业蓬勃发展

2008 年的金融风暴促使浙江省的经济转型[3],乡村产业同样也面临调整升级。就乡村自身而言,工业发展的"低、小、散"等劣势随着市场体制的逐步成熟日益显现,且工业盲目发展的粗放方式对乡村生态基底产生了极大破坏,超前透支了乡村的生态价值。工业产业发展的不可持续性,促进了乡村重新审视自身竞争力,推动了乡村产业定位的再次调整升级。同时,在高度城市化的大都市区,市民对生活品质的要求日益上升,城市居民对周边乡村优美的自然环境产生极大诉求。在内外双重动力推动下,以电子商务、旅游服务、现代农业为代表的新兴产业扎根乡村,使得产业功能出现综合化重构。

在电子商务层面,互联网的出现改变了信息传递的渠道和效率,为乡村产业带来新的机遇。首先,衍生出"互联网＋农业"的模式,为乡村农产品的销售拓展了新渠道。2017 年,浙

---

① 王自亮,钱雪亚.从乡村工业化到城市化:浙江现代化的过程、特征与动力[M].浙江:浙江大学出版社,2003.
② 詹静.浙江乡村工业化的模式及经验[J].史志学刊,2006(4):62—63.
③ 林涛.浙北乡村集聚化及其聚落空间演进模式研究[D].浙江:浙江大学,2012.

江省以779个淘宝村位列全国第一①,有着"淘宝第一村"之称的临安市白牛村、缙云县北山村,都是依托发展电子商务带动了村庄的产业发展。其次,衍生出"互联网+旅游"的模式,为乡村旅游增强了影响力,提升了旅游服务体验。

在旅游服务层面,乡村基于不同于城市的生态竞争优势开始多元化发展,休闲旅游、文化旅游、民宿产业成为浙江省旅游业发展中的三大支柱。浙江涌现出诸多的优秀案例,如宁波象山东门村充分发挥海岛、海洋资源优势,发展集旅游、休闲、海洋渔业于一体的美丽渔村;永嘉古村落基于其历史人文底蕴,打造"永远的山水诗、最美的桃花源";德清莫干山、黄公望风情小镇、桐庐富春江芦茨慢生活体验区等都出现了民俗产业集群②。

在现代农业层面,科技进步助力了其高效发展。不同于传统农业,现代农业借助机械和科技,取代了传统的人工耕作方式,具有平均投入低产出高的优势。因而,乡村农业开始走规模化、集约化经营方式,生产经营主体变为农业企业、家庭农场、专业大户。

1.2.3 乡村风貌变迁

随着乡村产业功能变迁,政府对乡村营建的认知和侧重点也发生变化,乡村风貌总体上经历了"传统古朴—新旧混杂—特色发展"的变迁。建筑功能由居住转变为公共服务、工业办公等多种用途,建筑风貌经历了建筑体量由小到大、建筑高度由低到高、建筑装饰由复杂到简单的变化;自然环境风貌经历了从原生态到人工痕迹明显再到生态回归的变化。

1. 传统古朴

早期的乡村承载的主要功能是居住,建筑也多以民居为主。农业生产时期,低矮的民居或聚集或散落,分布在平原、溪水、山地、丘陵之中,村落格局疏密有致。因为土地资源丰富,这一时期的浙江传统民居多为1~2层,以木材、夯土为主,建筑装饰种类繁多、细节精美。

2. 新旧混杂

新旧混杂主要来自两个方面:

一是工业衍生的,新道路、新工厂与传统道路、民居的混杂。首先,由于工业运输需求,乡村建设了宽阔的马路。不同于自由弯曲的传统石子路,新建道路一般体量较大并呈现出格网特征,打破了传统紧凑的村落格局。其次,涌现出的大量工业厂房,不同于低矮的传统民居,厂房具有大跨度、大体量的基本特征,进一步打碎了传统紧凑的建筑肌理。

二是乡村建设衍生的,"城市建筑""仿古建筑"与已有建筑的混杂。乡村规划照搬城市规划理念和方法、简单复制城市建筑的做法,乡村骤然出现了较多的现代化建筑;加上片面理解文化传承而出现的奇奇怪怪的仿古建筑,乡村的景观风貌呈现出极强的混杂性。原有的乡土建筑与新建的"城市建筑""仿古建筑"杂糅在一起,在建筑高度、色彩、材质、风格上出现较大的差异。

---

① 阿里研究院.中国淘宝村发展报告[R/OL].(2018-12-20)[2019-01-03].http://www.aliresearch.com/Blog/Article/detail/id/21709.html.

② 朱明芬.浙江民宿产业集群发展的实证研究[J].浙江农业科学,2018,59(3):353—359.

3.特色化发展

在"新农村建设"浪潮下,"千村一面""千村千面"的问题逐步引起学者、政府的关注,乡村风貌特色营造逐步成为各方共识。近年来的乡村风貌特色化建设主要体现在三个方面:

一是规划编制保障风貌的特色化建设。浙江省各县市出现积极编制乡村风貌规划的趋势,如安吉县编制了《乡村风貌营造技术导则》、淳安县编制了《淳安县乡村风貌规划》等,这些地方规划符合当地实际,并有效指导了乡村风貌的控制引导工作。此外,针对历史文化名村和传统村落,浙江省要求各地及时组织编制或修编乡村保护发展规划,保护乡村传统风貌格局、历史环境要素、自然景观①。

二是民居专项研究助力特色化建设。政府、学界对浙江特色民居展开相应研究,并将研究成果应用于规划实践之中。"杭派民居""东派民居""浙西民居"等特色营造的出现,都展示了对当地民居建筑特色的研究成果。

三是实践中的产业、景观特色化建设。浙江省对美丽乡村建设提出了"一村一品""一村一业""一村一景""一村一韵",打造具有明显区域特色的产业和景观。产业特色建设促进了经济发展,形成了如漫山茶田、方块鱼塘等特色景观。同时,承载了当地人文特色的节点景观打造,如墙绘、村口景观小品建设等,逐渐成为乡村景观特色营造中的共识,推动乡村印象塑造。

1.2.4 乡村建设管理变迁

政府对乡村建设的管理呈现出"无序化—系统化—标准化"的积极转变。

1.无序化

改革开放之初至 20 世纪 80 年代初中期,在重城轻乡背景下,乡村建设活动缺乏规划,乡村建设管理存在混乱无序的问题。这一时期,乡村普遍存在家庭联产承包责任制,其发展重心在于经济建设,在空间建设上则多是集中力量办大事,在管理上缺乏统一的规范或标准,呈无序化状态。

2.系统化

随着建设管理部门事权框架的逐步搭建和相关政策法规的出台,乡村建设管理步入系统化进程。系统化主要体现在三方面:

(1)管理部门的系统化

随着乡村建设的逐步推进,多部门参与其中并形成各自明确的分工:①自然资源部门,对耕地、农村宅基地等土地资源的权属、利用等进行秩序管理;对村庄规划进行编制,对乡村近期建设做出安排;②旅游发展委员会,推动乡村旅游发展、产业促进和行业管理;③住房和城乡建设部门,拟定村庄建设政策,指导农村住房建设和安全及危房改造,指导小城镇和村庄人居生态环境的改善工作等;④农业和农村部门,指导新农村建设、支持乡村农业发展、指

---

① 浙江省人民政府办公厅关于进一步加强村庄规划设计和农房设计工作的若干意见[J].浙江省人民政府公报,2015(24):17—20.

导村庄整治和美丽乡村建设、制定农民培训工作计划等；⑤交通部门，开展乡村公路的建设、安全、美化等工作；⑥水利部门，指导水利工程建设与管理工作，负责重点水利工程安全生产监督管理工作。随着乡村建设相关管理部门事权清晰化搭建，部门各司其职，逐步形成一个"省级—市级—县级"逐层递进的总体管理框架。

（2）管理细则上的系统化

相关政策法规的建立，促使管理过程和内容上的系统化。一是建设流程管理上的系统化，如针对美丽宜居示范村工程，政府已形成"申报—规划—建设—中期检查—终期检查—拨款"的操作流程；二是规划体系上的系统化，浙江省已形成一个较为完整的乡村规划体系："村庄布点规划—村庄规划（设计）—农房设计"。

（3）规划编制的系统化

在乡村振兴背景下，国家、省、县市层面都逐级编制了乡村振兴相关规划（见表1-3），形成一个逻辑清晰的规划体系：国家战略规划引领、省域行动计划推进、地方规划落实，为新时代的乡村全面发展指明了方向和重点。

表1-3　各层级乡村振兴规划梳理

	时间	部门	规划
国家层面	2018年2月	中央农村工作领导小组办公室	《国家乡村振兴战略规划（2018—2022年）》
浙江省层面	2018年4月	浙江省省委、省政府	《全面实施乡村振兴战略高水平推进农业农村现代化行动计划（2018—2022年）》
县市层面	2018年5月	宁波市	《全面实施乡村振兴战略三年行动计划（2018—2020年）》
	—	衢州市	《乡村振兴战略规划（2018—2022年）》
	—	杭州市	《杭州市乡村振兴战略规划（2018—2022年）》

3. 标准化

随着乡村建设的逐步推进、对乡村特色的深入理解，政府部门对乡村建设的管理内容也随之细化并呈现出标准化特征。近年来，针对美丽乡村建设、村庄规划设计、农村建房等内容，浙江省出台了多项文件政策（见表1-4）。规划布局、土地利用、景观风貌都有了具体的定性或定量的参考标准，浙江省乡村建设更为规范和标准化。

表1-4　近5年浙江省乡村建设管理政策梳理

文件/政策	发布年度	管理内容
浙江省《美丽乡村建设规范》（DB 33/T 912—2014）	2014	美丽乡村建设的基本要求、村庄建设、生态环境、经济发展、社会事业发展、社会精神文明建设、组织建设与常态化管理
《浙江省村庄设计导则》	2015	对村庄总体设计、建筑设计、环境与生态设计、基础设施设计做出具体要求
《浙江省村庄规划编制导则》	2015	对行政村的规划，包括建制镇、乡的村庄布点规划和城镇规划建设用地范围外的村庄规划提出编制要求
《浙江省人民政府办公厅关于加强传统村落保护发展的指导意见》	2016	传统村落保护的总体要求、重点任务、保障措施三大内容；重点任务中提出实施风貌保护提升行动，以保护、修复、更新结合的理念保护传统风貌，改善人居环境
《浙江省农村住房建设管理办法》（浙江省人民政府令第367号）	2018	农村村民新建、改建、扩建农村住房的建设活动及其监督管理

1.3 浙江乡村人居环境营造存在的问题与矛盾

1.3.1 环境特色营建缺乏系统性

已有乡村建设特色营造实践,多为专项方案,忽视了乡村人居环境的整体性和环境特色营造的系统性。乡村人居环境包括自然、道路、建筑、农村产业等多种要素。而已有乡村特色营造实践缺乏整体视角,多集中在民居风貌特色或产业特色等单一方面。例如村落空间特色营造集中在建筑单体视角,脱离了与周边乡土环境、产业经济的关联;在产业特色营造上出现了仅关注经济生产特色,生态环境、文化环境的协同特色营造较弱。只有系统把握乡村人居环境系统的各个特色要素,并予以整体式特色型规划实践,才能系统协调乡村环境特色的各个层面,突破既有特色营造单一的困境。

1.3.2 认知评价存在单一性

1. 以建筑为考核主体的单一评价标准

当下"重建筑、轻环境"现象普遍存在,乡村风貌综合评价多以建筑单体为考核主体,对建筑与周围环境的协调性、融合度关注较少。在这一考核标准下,乡村建设简单追求建筑的个性化与高识别度,建筑与环境之间的实、虚对应关系缺乏合适处理,建筑在自然环境基底下呈现为强势的野蛮生长状态,营建出来的乡村风貌容易出现突兀不协调的问题。

2. 认知单一带来的乡村特色同质性问题

乡村营建在对人居环境特色进行评价时,大多站在乡镇尺度而非区域尺度。因此,特色营造的判定标准存在单一性、盲从性的问题,导致区域范围内的特色村带有同质性、缺乏对不同类型村庄的特色认知把握。这种同质性问题主要表现在:

(1)民居风貌单一

在乡镇实践中为追求民居风貌的整体统一,刷白外立面、屋顶加建马头墙的处理方式普遍存在,未能立足当地历史本底的模式化整治,导致了民居风貌单一、特色丢失。

(2)产业定位单一

浙江毛竹资源丰富,全省有较多乡村基于竹海资源,将旅游业定位为竹海观光休闲,甚至在同一个县域尺度下也出现多个竹海产业特色村,造成了无谓的竞争。

(3)景观单一

乡村景观设计有流水线生产、模式化复制的趋势,特别是乡村景观,存在明显的同质性。乡村特色营造大多采用石景、湖泊中搭建九曲桥、围墙刷上彩绘等方法,这容易造成游客对景观风貌的审美疲劳。

1.3.3 乡村扶持多口径政策缺乏协同性

近年来,浙江省多部门出台了乡村扶持的优惠政策,如省农办的"风情小镇综合建设"项目、杭州市农办的"杭州市农村现代民宿业扶持项目"(2016)、省发改的《浙江省人民政府办公厅关于加快推进农村一二三产业融合发展的实施意见(代拟稿)》(征求意见稿)(2016)、桐乡市旅委的《全面推进全域旅游提升发展的专项补助政策实施细则(试行)》(2017)等,都体现了浙江省对乡村建设的高度重视和大力扶持。

然而,多口径政策下却存在建设目标不协同的问题,如针对乡村旅游这一主题,旅游局、农办、发展和改革委员会等部门都会有所关注并出台不同政策(见表1-5)。对同一类项目,各部门就会有不同的建设标准和要求,容易产生建设目标的不协同问题。又如重复建设带来的资源浪费,"村村通"工程有效解决了乡村道路可达性问题,但随后其他部门启动的"五水共治"项目中的市政管道的铺设则需要对道路进行挖掘重铺,这在一定程度上造成了重复建设。再比如,多口径下资金统筹力度不足,财政资金分散在各部门,条块分割、分散管理,使得项目多头申报,未能达到集中财力办大事的效果。

表 1-5　近年来乡村旅游相关政策举例

单位		政策/文件/项目	重点关注内容
农办	浙江省农办	《浙江省农家乐休闲旅游发展资金管理办法》(浙财农〔2011〕599 号)	农家乐休闲旅游业
	杭州市农办	杭州市农村现代民宿业扶持项目	农村民宿业
旅游局	浙江省旅游局	《浙江省全域旅游发展规划(2018—2022)》	全域旅游空间格局
	宁波市旅游局	《关于加快推进乡村旅游发展的若干意见》(甬政办发〔2015〕69 号)	乡村旅游(包括规划编制、设施建设、民宿开发、投融资平台等内容)
发改	浙江省住房和城乡建设厅	《浙江省人民政府办公厅关于加强传统村落保护发展的指导意见》(2016)	保护传统村落中适度建设旅游设施,防止盲目开发

1.3.4 发展建设用地供需缺乏平衡性

建设用地城乡统筹、土地指标按市划拨的工作体制导致乡村处于"弱势"地位,土地指标优先给了城市,城市发展对乡村资源明显产生挤压。一是土地供给量无法满足村民自身需求。乡村的发展对产业用地、公共服务设施用地、基础设施用地等均有需求,而乡村被划定的土地指标无法满足村民的基本需求。二是旅游业发展带来的外来人口的居住需求更难得到满足。发展乡村旅游也对空间和设施用地存在增量需求。这些需求未能合理满足时,容易阻碍旅游业发展,进而导致乡村经济的萎靡不振,形成恶性循环。

同时,在建设用地的强约束下,农村建房的面积刚性、高度刚性使得当下乡村建筑特色化建设也屡屡受阻。《浙江省农村宅基地管理办法》(2005)第九条规定了农村建房的宅基地面积标准(见表1-6);浙江省各地市结合自身实际,对农村建房的高度发布了不同的限高标准,但总体而言低于 4 层。目前的制度规定缺乏村宅面积、高度两者之间的弹性调节,如低楼层村宅给予宅基地的面积补偿奖励。村民为追求建筑面积的最大化,民居大多建设四层

(高度限制的最大值),村宅在高度上缺乏变化,风貌上容易出现单调无趣。

表 1-6 宅基地用地面积限额

农户人数	宅基地用地面积限额
3 人及 3 人以下	≤75m²
4 人	≤100m²
5 人	≤110m²
6 人及 6 人以上	≤125m²

注:整理自《浙江省农村宅基地管理办法》(2005)。

1.3.5 乡土特色建造技术缺乏留存性

浙江省的民间乡土建造技术种类繁多,可谓是百花齐放;但在现代乡村营建过程中大多没有留存下来。突出的问题有两方面:一是工匠的培养断裂,乡村建设技术的特色传承令人担忧;二是工艺在物质空间上的留存减少,传统建造工艺在新建空间上缺乏体现,或是技术工艺的精湛程度在不断降低。

例如,马头墙作为浙江民居中经常出现的一种墙顶形式,是古民居建筑的标志性元素。然而在近代的乡村营建过程中,对于马头墙形式的保留情况,存在不保留和简单保留两种情形。即使留存下来,其精美程度也在明显降低。类似的情况还出现在门窗屋顶等建筑装饰构造上,如楠溪江村落建筑中雕刻精美的柱础、芙蓉村的墙饰、水月堂的山墙叠瓦装饰等[①],这些古村落里具有极高艺术和文化价值的装饰,在现代化的乡土建筑中已经很难再觅得踪影了。

1.3.6 环境设施维护缺乏自发性

美丽乡村建设过程中新建的公共服务设施,如文化礼堂、公共绿地、公用卫生间等,在后期维护的资金链上缺乏"自我造血"的长效机制。建设期间及验收期间,设施大多处于较好的管理水平;而大多数设施在验收期后则容易陷入无人维护的尴尬境地,进入"形象工程"的怪圈。如缺乏维护的绿地变得杂草丛生,鱼塘变得不见鱼虾。其实设施维护的可持续性与乡村建设的可持续性是相似的,仅依靠上级政府拨款的"无限输血"可持续性较低。乡村唯有通过自主寻找产业支撑,方能形成长效的建设与维护机制。

---

① 李秋香.浙江民居[M].北京:清华大学出版社,2010.

第2章

乡村人居环境特色营造的系统解读

"人居环境"源于城市领域的研究,乡村与城市在建设规模、自然依赖性、空间形态、集聚程度、经济生产等方面存在一定差异,因此乡村人居环境的特色内涵、形成机理、营造要素都有别于城市,需要进行系统梳理。本章从自然生态、经济生产、社会发展三方面阐述了乡村人居环境特色机理,并从空间视角、特色类型、关键要素、营造指引四个层面构建了适宜乡村的人居环境特色营造体系,为开展多类型乡村特色营造提供理论认识和实践指导。

➤ 乡村人居环境的内涵解读

➤ 乡村人居环境特色形成的机理

➤ 乡村人居环境特色营造的要素体系

2.1　乡村人居环境的内涵解读

2.1.1　人居环境的内涵解读

人居环境是一个内涵丰富、多层次的概念,其基础理论主要有道萨迪亚斯的"人类聚居学"和吴良镛的"人居环境科学",本书参考这两种理论从概念、构成、层级三方面解读人居环境内涵。

1. 人居环境概念

道萨迪亚斯于 20 世纪 50 年代首创"人类聚居学"。这是一门以包括乡村、集镇、城市等在内的所有人类聚居为研究对象的科学,着重研究人与环境之间的相互关系,强调把人类聚居作为一个整体,从政治、经济、社会、文化、技术等各个方面,全面地、系统地、综合地加以研究。他在《为人类聚居而行动》一书中将"人类聚居"定义为:人类为自身所做出的地域安排,是人类活动的结果,主要目的是满足人类生存的需求。

吴良镛在道氏"人类聚居学"的启发下,针对中国城乡发展诸多问题,建立了人居环境科学。他在《人居环境科学导论》中将"人居环境"定义为:人类聚居生活的地方,是与人类生存活动密切相关的地表空间,是人类利用、改造自然的主要场所[①]。

综合以上两种理论的解读和学界共识,将人居环境定义为人类从事有组织活动的地域[②]。狭义理解是居民的居住和社区环境,包括住宅、基础设施、公共设施、生态环境质量等硬件设施环境,以及家庭、邻里、居住区等不同层面的安全归属感、社会秩序、人际关系等心理感受的软环境。广义理解是各种维护人类活动所需的物质和非物质结构的有机结合体,不仅指居民居住和活动的有形空间,而且还包括贯穿于其中的人口、资源、环境、社会政策和经济发展等各方面。

2. 人居环境构成

道萨迪亚斯和吴良镛先生对于人居环境理论都强调构成要素之间的联系与结合,不提倡孤立研究。

道萨迪亚斯提出人类聚居的五种基本要素包括自然、人类、社会、建筑和支撑网络[③]。自然指整体自然环境,是聚居产生并发挥其功能的基础;人类指作为个体的聚居者;社会指人类相互交往的体系;建筑指为人类及其功能和活动提供庇护的所有构筑物;支撑网络指所有人工或自然的联系系统,其服务于聚落并将聚落联为整体,如道路、供水和排水系统、发电

---

①　吴良镛.人居环境科学导论[M].北京:中国建筑工业出版社,2001.

②　李王鸣,叶信岳,祁巍锋.中外人居环境理论与实践发展述评[J].浙江大学学报(理学版),2000(02):205－211.

③　Doxiadis C A. Ekistics, the science of human settlements[J]. Science, 1970, 170(3956):393－404.

和输电设施、通信设备,以及经济、法律、教育和行政体系等。道氏强调不能局限于五种要素的孤立研究,而应当注重各要素之间的相互关系①。

吴良镛提出人居环境的五大系统包括自然系统、人类系统、居住系统、社会系统和支撑系统(见图 2-1)。自然系统包括气候、水、土地、动植物、地理、地形、环境分析、资源、土地利用等,侧重于与人居环境有关的自然系统的机制、运行原理及理论和实践分析;人类系统侧重于对物质的需求与人的生理、心理、行为等有关的机制及原理、理论的分析;社会系统主要是指公共管理和法律、社会关系、人口趋势、文化特征、社会分化、经济发展、健康和福利等;居住系统主要是指住宅、社区设施、城市中心等,人类系统、社会系统等需要利用的居住物质环境及艺术特征;支撑系统主要是指人类住区的基础设施,包括公共服务设施系统、交通系统和通信系统。其中,人类系统和自然系统是两个基本系统,居住系统和支撑系统是人工创造与建设的结果②。

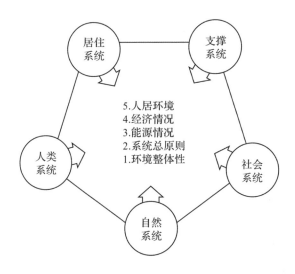

图 2-1　人居环境系统模型

资料来源:吴良镛.人居环境科学导论[M].北京:中国建筑工业出版社,2001:40.

3.人居环境层级

道氏在《建设安托邦》一书中将人类聚居按规模划分为 10 级:家具、居室、住宅、居住组团、邻里、城市、大都市、城市连绵区、城市洲和普世城。其中,家具、居室、住宅、居住组团和邻里是小规模的人类聚居;城市和大都市是中等规模的人类聚居;城市连绵区、城市洲和普世城是大规模的人类聚居。吴良镛在借鉴道氏理论的基础上,根据中国存在的实际问题和人居环境研究的实际情况,初步将人居环境科学范围简化为全球、区域、城市、社区(村镇)、建筑五大层级。这五大层级的划分比较符合我国国情,且城市和乡村这两个层次涉及的问题比较集中,相关研究也比较多,但是两者在内涵上仍然存在一定的差异性。

---

① 吴良镛.人居环境科学导论[M].北京:中国建筑工业出版社,2001.
② 同上.

2.1.2　乡村与城市人居环境的解读

1.乡村人居环境内涵

（1）乡村人居环境概念

李伯华等人较早将乡村人居环境定义为：乡村区域内农户生产生活所需物质和非物质的有机结合体，是一个动态的复杂巨系统[①]。国内许多研究都引用了此定义。然而，不同学科对乡村人居环境的概念解读仍然各有侧重点。建筑规划学认为乡村人居环境是农户住宅建筑与居住环境有机结合的地表空间总称；生态环境学认为乡村人居环境是以人地和谐、自然生态系统和谐为目的，以人为主体的复合生态系统；风水伦理学认为理想的乡村人居环境就是尊重自然规律，注重人造景观与自然环境的协调；形态学认为乡村人居环境是人文与自然协调，生产与生活结合，物质享受与精神满足相统一[②]。因此，也有学者综合不同学科理论将乡村人居环境定义为：以第一产业劳动为主的人类，在乡村这一广阔的地域范围内进行生产、消费、生活、工作交往等活动，在利用自然、改造自然的过程中形成的自然环境和社会环境相结合有机体，其主要目的是满足乡村居民生存、发展的需求[③]。

（2）乡村人居环境构成

乡村人居环境主要包括自然生态环境、社会文化环境和地域空间环境[④]（见图 2-2）。自然生态环境为乡村人居环境构建了一个可生存、可持续的物质基础平台；传统习俗、制度文化、价值观念和行为方式将特质相同的农户置身于一个共同的社会文化背景之下，逐渐形成了一个具有地域性、共识性的文化传统区，构成了社会文化环境；地域空间环境是农户生产生活的空间载体以及创造物质财富和精神财富的核心区域。三者之间遵循一定的逻辑关联。自然生态环境和社会文化环境共同构成农户生产生活的外部环境；地域空间环境是乡村人居环境的核心组成部分。

图 2-2　乡村人居环境构成

2.乡村人居环境和城市人居环境的差异性

（1）在规模层级上的差异

乡村人居环境比城市人居环境规模低一层级。根据道氏理论划分，乡村人居环境属于小规模的人居环境，城市人居环境属于中等规模的人居环境；根据吴良镛理论划分，乡村人居环境属于社区（村）层级，城市人居环境属于城市层级。

① 李伯华，曾菊新，胡娟.乡村人居环境研究进展与展望[J].地理与地理信息科学，2008(5)：70－74.
② 周直，朱未易.人居环境研究综述[J].南京社会科学，2002(2)：84－88
③ 汪琴.当代城市化对乡村人居环境的影响分析[D].武汉：华中师范大学，2009.
④ 李伯华，刘沛林，窦银娣.乡村人居环境系统的自组织演化机理研究[J].经济地理，2014，34(9)：130－136.

（2）对自然环境依赖性的差异

乡村人居环境对自然环境的依赖性比城市人居环境强。乡村人居环境来源于对自然环境的改造,且村民生产、生活所需物资大多来源于自然环境,可以自给自足;城市人居环境以人造环境为主,且自然要素有限不能自给自足。虽然城市不可能脱离自然环境而生存,但他们对自然环境的依赖性逐渐淡化,而发展物质文明和人造环境的积极性却不断增加。

（3）在空间形态上的差异

乡村人居环境以乡土景观为主,如农田、水渠、房前屋后绿地等;城市人居环境以人造城市景观为主,如喷泉、硬质广场、雕塑等。乡村人居环境以低层分散民居为主,呈灵活的带状、团块状或散点状格局;城市人居环境以高层密集建筑为主,呈均质几何状格局,如方格网状、环形放射状等。乡村人居环境以鱼骨形、自由式和枝状路网为主,城市人居环境以网格形路网为主。

（4）在集聚组织上的差异

乡村人居环境对自然空间的改造利用是低强度的,各种功能要素的集聚程度较低且组织灵活;城市人居环境在有限的自然空间内集聚了物质、能量、人口、资金等要素,以及生产、生活、交通等功能,为了维持高强度集聚下城市人居环境的内部平衡,必须高强度地组织化[①]。

（5）在经济生产上的差异

从产业类型的角度,乡村人居环境以第一产业为主,如农业、渔业、林业、牧业等;城市人居环境以第二、三产业为主,如工业、商业、服务业等。从经济生产水平的角度,乡村人居环境的生产效率低于城市人居环境。

2.1.3　乡村人居环境的特色解析

乡村人居环境特色不仅仅是某一专项,而是自然生态环境、社会文化环境和地域空间环境三方面的整体特色,是民居特色、自然特色、产业特色和文化特色等多个要素的有机结合体(见图2-3)。它具有体系性、整体性。

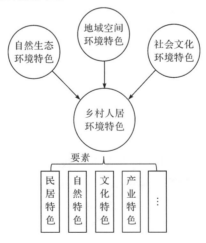

图2-3　乡村人居环境特色解析

---

①　沈清基.城市人居环境的特点与城市生态规划的要义[J].规划师,2001(6):14-17.

2.2　乡村人居环境特色形成的机理

2.2.1　自然生态的影响

自然生态包括气候、地形地貌、水系、山脉、植被等影响要素。其对乡村人居环境特色的影响主要体现在民居、格局、产业和文化特色上。

1. 对民居特色的影响

自然生态对民居特色的影响主要体现在选址和建筑形态上。在民居选址方面，山地丘陵地形复杂，坡度普遍较大，可建设用地一般比较分散，民居多选址于山间谷地，背靠山坡之处；平原地势平坦，可建设用地比较集中，考虑用水便利，民居多依水而建；海岛存在台风隐患，为就近从事生产又规避风雨损毁，民居多选址于靠近海岸的渔岙之内，环山面海[①]。在建筑形态方面，北方天气寒冷干燥，民居为了防寒保温，墙体严实厚重，且北方雨水较少不易积水，屋顶坡度平缓；而我国南方较北方气候多雨温暖，民居为了通风、排水，墙体轻薄且高，屋顶坡度较陡。

2. 对格局特色的影响

不同的地形、气候、水系等要素导致各异的格局特色。山地丘陵地势起伏，乡村依山就势，民居沿等高线台阶式带状布局，空间层次丰富，用地紧凑。平原地势平坦，乡村沿水系团块状或带状布局，公共空间十分开阔。海岛环山面海，乡村以港口为公共生活空间，呈团块状、带状结合布局。

3. 对产业特色的影响

自然生态影响了乡村产业类型。例如山地农业以林业为主，低山丘陵以林果业为主，低缓处可发展梯田农业，且山地交通不便、人口稀少，不宜发展工业、商业；平原农业以种植业为主，且平原人口稠密、交通便利，宜发展工业、商业及服务业；海岛产业特色明显，以渔业、船舶制造业为主。

4. 对文化特色的影响

地形、气候越复杂的区域，文化越难被同化，越容易保留特色。例如，山地对外交通不便，外来文化不易进入，许多传统古村落隐于深山，独特的民俗文化流传至今。还有些民族为躲避战乱迁徙到与世隔绝的深山密林，也基本保留了本民族文化；而平原地势平坦，交通

---

① 李王鸣，倪彬. 海岛型乡村人居环境低碳规划要素研究——以浙江省象山县石浦镇东门岛为例[J]. 西部人居环境学刊，2016，31(3)：75—81.

便利,不容易隔绝外来文化,最容易被同化;海岛远离陆地,与海洋关联密切,发展出多样的渔俗文化,如渔业俗谚、出海祭祀等。

2.2.2 经济生产的影响

不同产业类型对乡村人居环境特色的影响各异。

1.农业型经济

农业型经济分为传统农业型和现代农业型。传统农业型经济对自然环境改造较少,保留田园农耕特色,但生产比较低效;现代农业型经济生产高效,但对自然耕作环境特色影响较大。

2.工业型经济

工业型经济分为传统手工业型和现代工业型。传统手工业型经济传承了工艺特色,但生产比较低效;现代工业型经济虽然生产高效,但规模化工厂导致了"去乡村化"现象加重,对乡村人居环境特色影响较大。

3.旅游服务型经济

乡村旅游发展的类型对于人居环境特色的影响存在差异。例如,历史文化型注重修缮保护,注重人居环境历史文化特色;养生养老型注重养老院、养生会所等配套服务设施的齐全,注重高品质的设施环境特色。

2.2.3 社会发展的影响

1.新型城镇化

新型城镇化的核心是以人为本,实现城乡基础设施一体化和公共服务均等化[①]。它促使乡村公共服务设施多元化发展和产业特色现代化发展,文化特色容易被同化。在设施方面,乡村道路交通和通信线路设施日趋完善,教育机构、医疗卫生、文体娱乐、商业服务、养老等设施在数量和质量上都有所提高;乡村公共服务设施和城市接轨,逐渐多元化,改变了原有的小而散、低等级、不完善等问题。在产业方面,产业特色受新技术影响趋于现代化,主要是由于新技术的引入导致产业从传统工艺到高效生产的转变;如农业生产从利用动物耕作到各种农用机械的使用,工业生产从小作坊式的手工加工到工厂流水线式的机械量产,产业特色逐渐消失。在文化方面,乡村传统生活方式向城市生活方式转变,村民文化素养提升、需求多样化,导致乡村文化趋于城市化。

---

① 汪琴.当代城市化对乡村人居环境的影响分析[D].武汉:华中师范大学,2009.

2.互联网

互联网的渗透影响了乡村产业环境与文化特色。在产业上,互联网通过交通和通信的时空压缩,改变了村民的活动行为和空间需求,村民可以通过互联网购物和宣传出售产品;产品逐渐从通过集市、商店的线下面对面交易发展为线上电商模式,这导致乡村电商仓库、停车场、快递点等出现,从而影响乡村人居环境的格局改变。在文化上,互联网极大程度地加速文化传播,使得村民可以通过互联网了解全国乃至全球的文化,从而使得乡村本土文化特色受到外来文化的强烈冲击,使部分村落的文化与外来文化融合,重新发展为本地特色,也使得部分村落全然被外来文化同化而失去固有特色。

2.3　乡村人居环境特色营造的要素体系

2.3.1　特色营造的空间视角

乡村人居环境在不同空间和时间视角下的审视与营造,其所涵盖的内容深度存在差异,因此需要在营造体系层面细分其空间尺度类型。依据浙江省乡村实践类型,在空间尺度上,可以分为个体视角和集群化视角。

1.个体视角

个体视角是指对单个村庄进行精细化营造,往往更关注于单个村落如何在区域乡村中凸显,如何以个体形式在人居环境特色上与其他村落产生差异。

2.集群化视角

集群化视角是指多个村庄整体式营造。集群是一个生态概念,是指在一定区域或环境里各种生物种群有规律地结合在一起的一种结构单元。这种结构单元具有整体大于个体之和的集群优势。对于大量并无明显特色的乡村,集群的优势有利于它们整合资源、集中优势,以整体的姿态获取更多的发展机会[1]。因而集群化视角更关注各个村落整合集中优势后的特色。乡村集群化视角主要包括线状集群和片状集群。线状集群指的是多个村落沿着公路或者水系等线性空间要素结合成一种共同单元。片状集群指的是多个村落呈片状形态集聚在一起,例如乡镇所在地周边的村落群,或者多个临近的行政村呈片状集聚的模式。随着乡村振兴的深入开展,浙江乡村特色化营造的空间维度也逐渐从个体视角转向越来越多的集群化视角。

---

① 华晨,高宁,乔治·阿勒特.从村庄建设到地区发展——乡村集群发展模式[J].浙江大学学报(人文社会科学版),2012,42(3):131－138.

2.3.2 特色营造的类型与要素

乡村人居环境特色营造可以从三种特色(自然生态特色、历史文化特色和经济生产特色)来分析。每种特色都有各自的构成要素,不同构成要素组成各种特色类型(见图2-4)。

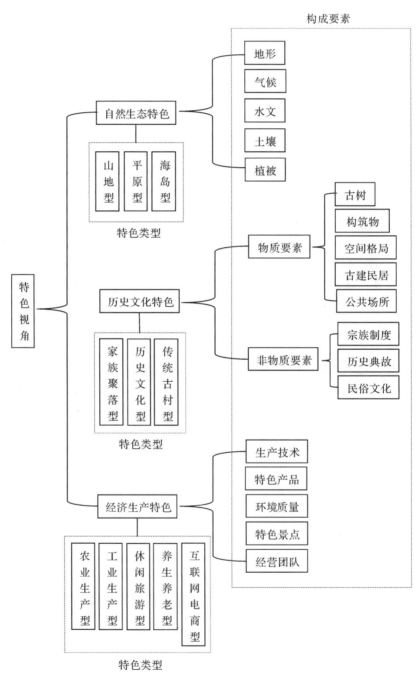

图 2-4 乡村人居环境特色类型与要素

1. 自然生态特色

(1)构成要素

自然生态特色的构成要素有地形、气候、水文、土壤、植被五种。其中,地形要素包括平原、山地、丘陵、海岛等;气候要素包括大陆性气候、季风气候、高山高原气候、海洋性气候等;水文要素包括河流、湖沼、海洋等;土壤要素包括沙土、山地土壤等;植被要素包括森林、草原、海洋植被等自然植被,以及农田、果园等人工植被。

(2)特色类型

①山地型:具有与山地特色相关的坡地地形、高山高原气候、森林植被自然特征。

②平原型:具有与平原特色相关的平坦地形、河流湖沼、农田、果园等自然特征。

③海岛型:具有与海岛特色相关的海洋性气候、海洋、沙滩岸线、海洋植被等自然特征。

2. 历史文化特色

(1)构成要素

历史文化特色视角下的构成要素有古树、构筑物、空间格局、古建民居、公共场所五种物质要素,以及宗族制度、历史典故、民俗文化三种非物质要素。其中,构筑物要素包括古井、古桥等;空间格局要素包括聚落空间分布、历史街巷肌理、古村落格局等;古建民居要素包括宗族特色民居、古民居、名人故居等;公共场所要素包括宗祠、寺庙、历史事件发生地等。

(2)特色类型

①家族聚落型:具有与家族聚落相关的聚落空间分布、宗族特色民居、宗祠、寺庙、宗族制度等历史文化特征。

②历史文化型:具有与悠久历史文化关联的历史街巷肌理、文保单位、古树、古井、古桥、古村落格局、古民居、历史事件发生地、历史典故等特征。

③传统古村型:具有与传统文化相关的传统风貌、自然遗存、传统手工艺文化等特征。

3. 经济生产特色

(1)构成要素

经济生产特色视角下的构成要素有生产技术、特色产品、环境质量、特色景点、经营团队五种。其中,生产技术要素包括种植技术、加工技术等;特色产品要素包括特色农产品、特色工业产品、旅游特产等;经营团队要素包括研发团队、培训团队、指导专家等。

(2)特色类型

①农业生产型:以种植技术、特色农产品等为特色的农产业。

②工业生产型:以加工技术、特色工业产品等为特色的工业。

③休闲旅游型:以特色自然风光、历史古迹景点为特色的旅游服务产业。

④养生养老型:以优质生态环境、品质养老服务为特色的养生养老产业。

⑤互联网电商型:将本地特色农产品、工业产品以互联网为载体销售经营的电子商务产业。

2.3.3　关键要素的营造指引

依据乡村人居环境的各个特色类型,本书结合具体的营造要素,提出了相关指引(见表2-1)。具体策略的提出,还需要结合案例的实际情况加以选择和深化。

表 2-1　不同特色类型的乡村人居环境营造要求与指引

特色类型		关键性要素	要求与指引
自然生态特色	山地型	山地景观	保护山体、水系的完整性,保护原生植被
		山地气候	防治环境污染
		山地农业	从单一生产功能向综合化方向发展,产业景观化
		山地特色乡村格局	最小干扰
	平原型	平原景观	保护水系、植被的完整性
		水田农业	一产、三产联动发展,如拓展农事活动实践基地
		平原特色乡村格局	最小干扰
	海岛型	海岛景观	保护海港、海滩、海礁的完整性
		海岛气候	防治环境污染
		渔业	一产、二产、三产联动发展,渔业可作为旅游观光资源
		渔俗文化	保留并传承非物质文化
		海岛特色乡村格局	最小干扰
历史文化特色	家族聚落型	宗族公共空间和信仰空间	保留并重点塑造核心空间
		聚落的空间形态	最小干扰
		宗族制度和文化	保留并传承
	历史文化型	名人故居、历史事件发生地	修缮保留
		历史典故	保留并传承
	传统古村型	古建民居	修缮保留
		古村文化	保留并传承
		古村格局	最小干扰
经济生产特色	农业生产型	生产技术	引入或自主研发,实现高效生产
		特色农产品	打造文创品牌,与电子商务、休闲旅游相结合
	休闲旅游型	特色景点	适当开发,突出特色
		旅游配套设施	完善道路交通、住宿餐馆、游客中心等旅游配套设施,形成综合旅游产业集群
	养生养老型	环境质量	环境质量持续优化,防治环境污染
		自然景观	保障景观的宜人舒适
		养生养老服务设施	完善养老院、养生会所等养生养老服务设施,形成综合养生养老产业集群
	互联网电商型	产业链	形成成熟产业链,保障货源稳定
		电商培育团队	聘请电商顾问,设立电商协会、电商培训基地
		物流通信等配套设施	成立一站式电商服务中心,在中心内设立工商、电讯、金融等驻点,建立物流区域分拨中心,完善道路交通、居住配套

第 3 章

集群化乡村特色营造实践篇

　　浙江乡村集群化发展起步较早，乡村连片更新改造、产业联动发展的探索与实践已日趋成熟。集群化乡村的特色营造，往往从宏观区域视角切入。在保障村落群体整体特色的前提下，兼顾整体协调性与个体特色化，需要因地制宜。本章从集群村庄的空间形态分类出发，分别从线性集聚和片状集群两个方面探讨特色营造的实践思路。其中，线性集群主要探讨公路、水系等线性空间周边聚集的村落群；片状集群主要探讨村镇连片、多村连片两种类型。

➤ 线状集群村庄的特色营造

➤ 片状集群村庄的特色营造

3.1　线状集群村庄的特色营造

3.1.1　公路集群的特色线

◉ 丽水市莲都区高速沿线村庄农房立面整治提升

1.基本情况

（1）研究范围与内容

项目研究对象为长深高速莲都区段沿线两侧主要村庄。北段北至雅里村，南至敏河村；南段北至松坑口村，南至均溪村。涉及村庄共 29 个，沿高速总长度约 26.4 公里，村庄总面积约 173.2 公顷。这些村庄临近高速，村庄与其所处的环境背景共同构成了莲都区高速段的视线廊道近景景观，项目主要针对这些村庄，开展农房立面整体风貌规划与详细设计。

（2）村庄分类

从地貌类型、立面色彩协调度、沿高速延伸面的长度、村庄距高速距离的远近、村庄农房风貌等方面，我们对沿线村庄进行分类，以此梳理和归纳村庄的典型特征（见附录 C）。

按村庄农房所在区域的地貌分，沿线村庄可分为"平原村"和"坡地村"，其中"平原村"共 21 个，"坡地村"共 8 个，两类村庄中部分村庄在高速视野可见范围内靠近溪流或河流等水系，亦将其归为"滨水村"，共 10 个。整体而言，沿线村庄农房所在区域地貌特征表现为北高南低的特点，其中不乏自然环境较为优美的滨水村庄（见表 3-1）。

表 3-1　沿线村庄地貌类型分布

村庄	特征概述	数量/个	占比/%	典型村庄
平原村	村庄农房所在区域内地势较为平缓，最大高差在 10 米以内	21	72.4	洪渡村、石侯村、连河村
坡地村	村庄农房主要坐落于山脚，所在区域地势坡度较大，最大高差在 10 米以上	8	27.6	双溪村、松坑口村
滨水村	村庄在高速视野可见范围内靠近溪流或河流等水系	10	34.5	敏河村、雅里村

（3）现状问题

根据以上分类结果，沿线村庄存在的主要问题可归结为以下四点：

①缺乏主色调：高速沿线穿过村庄、主城区、开发区三种城乡类型。其中，主城区段以米色系和青灰色系为主，开发区以黄色系为主，村庄以白色系为主。三大区域的色彩连续性较弱，缺乏区域化统一协调，未能形成整条线路的色彩主旋律。

②缺乏整体设计：全线村庄经过上一轮快速的立面改造，出现趋同化现象严重的问题，

缺少能展示"青山绿水、美丽城乡"窗口形象的乡土风貌。

③缺乏环境融合设计:沿线村庄拥有良好的自然环境资源,大多依山揽田,少数村庄还紧邻瓯江支流。上一轮的整治改造设计仅仅关注了村庄的建筑立面,并未在设计和实施中合理融入对环境元素的提升。

④缺乏精细化设计:沿线村庄规模体量与风貌多样,未有行之有效、高针对性的精细化设计指导实施,许多村落,特别是离高速视觉距离较近的村庄,在风貌生硬、秩序杂乱等方面的问题显而易见。

2.特色概述

在对沿线村庄调研的过程中,我们深度感触莲都区高速沿线村庄特色营造需要从把握村庄美的来源入手,而回归乡村房美本源、实现其价值续接是本次规划的重要关注点,规划将主要体现以下村庄的特色。

(1)村庄底色,美在环境

沿线村庄受山地地形制约较为明显。在传统风水观念、宗教文化的影响下,大部分村落的选址散布于山间相对平缓的地带,以山为屏,有条件者会选择山环水绕、相对宜居的基址。同时,各村庄彼此间相距较远,单个村庄山水格局的原生态环境价值凸显;并且大部分村庄规模较小,"房在山边、村在绿中"的典型面貌形成村庄在高速视角下靓丽的对景(见图 3-1)。

雅溪村　　　　新路村　　　　双溪村

白前村　　　　敏河村　　　　松坑口村

图 3-1　高速公路视角下的村庄

(2)村庄本色,美在质朴

沿线村庄多为团状或带状的聚居形态,受地形影响,农房布局错落有致,充分体现了对自然的尊重与适应。村庄整体呈中心紧凑、边界松散的状态,多数呈不规则形状,景观界面有机、质朴。在村民的生活与生产方式上,大多村庄至今仍保留着传统的建房与生产工艺,传统手工建造方式仍然散发着它们的质朴魅力与价值(见图 3-2)。

线状集群・公路集群

图 3-2　村庄传统手工艺

（3）村庄特色，美在历史

村庄的历史既包括了微观层面的乡土事物、中观层面的乡土片段和宏观的乡土意境。莲都区高速沿线村庄历史可从传统建筑用材及建筑构件上看到最直观的体现。沿线传统民居体现了丽水西北部民居典型的"处州风格"，主要特征有"坡屋顶""夯土墙""石墙裙""披檐"等（见图 3-3）。

坡屋顶　　　　　　　夯土墙　　　　　　石墙裙（下碱）　　　　　披檐

图 3-3　传统农房典型元素

坡屋顶：案例地屋顶通常采用硬山顶，坡度较大，施工方便，利于雨水快速排净。屋脊脊身以片瓦脊为基本造型，脊首通常以装饰物的形式表现。建筑墙体则多为土石分层夯土墙，山墙上是跌落的马头墙，以屋脊封顶，每一段两头微微起翘，为大面积山墙，避免呆板。

夯土墙：当地民居建造多就地取材。夯土墙因其优越的性能及简易的制作方式得以广泛应用。土墙的肌理与色彩展现了环境友好性，墙裙用卵石干砌以防雨水浸泡。

石墙裙：石块砌筑侧重于材料肌理的美学表现与细节处理。石墙以当地石头作为建筑材料，通过石块形状、大小、颜色、砌筑方式的变化形成丰富和谐的变化肌理。

披檐：建筑入户门及窗户上方多采用披檐作为装饰及挡雨构件。传统披檐一般形式简洁，技法多样，增加了建筑立面的装饰丰富度。

3. 规划策略

（1）技术路线

规划总体技术路线建立在对项目背景、上位规划、现状调研等进行多维分析的基础之上，确立了以村为单位控制风格，分段把控协调性的管控策略，从而达到整条高速沿线农房体现新处州民居特色的效果(见图 3-4)。

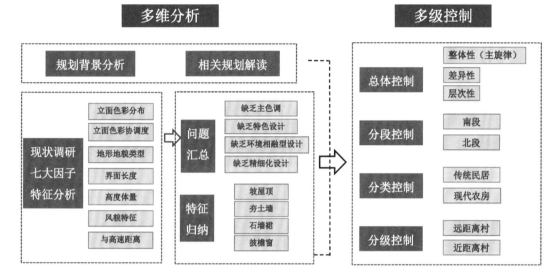

图 3-4　技术路线

(2)规划目标

规划设计以"显山水、藏农居、巧点缀、传文化"作为总体目标。基于研究对象基数大,实施过程复杂程度高的特点,规划被拆分为阶段目标,以保证进度安排的合理性与可操作性。

第一阶段目标:以拆违补绿的方式提升乡村整体环境,凸显村庄环境美的底色,保护自然生态环境,将农房视作依附于环境生长出来的元素,而非凌驾于环境之上,整体上做到"显山水、藏农居"。

第二阶段目标:各村庄农居形成色彩主旋律,并以"巧点缀"的装饰方式,从传统建筑中汲取营养,将传统建筑的材质与元素运用到现代农居的立面改造上。在现代农居表现出大区域同质化现象的大背景下,以此项目为契机,使沿线村庄农房回归传统建筑风貌,恢复村庄本色。

第三阶段目标:对村庄重要空间进行梳理打造,营造具有乡村韵味的空间节点,保留乡村记忆,展示乡土技艺,以此传递乡愁文化。

(3)多级控制

规划不局限于单个村中单体建筑的立面设计,而着眼于村庄、青山、绿水、田园组成的高速线性公共开放视野下的整体视觉效果。从宏观、城乡、自然环境等多角度进行系统的、控制性、指导性的规划与设计。规划提出从多个层级进行控制的策略,以"总体、分段、分级、分类"作为本项目的四个控制层级。

①总体控制:对单个村庄而言,以控制整体色调为主,形成村庄色彩主旋律。而在沿线整段的基本色调上,则应与云和县、缙云县等周边地区的村庄形成特色差异。在村庄与环境的融合上,以凸显层次性为目的,达到近景、中景、远景之间的和谐,使村庄更自然地融入环境(见图 3-5)。

线状集群·公路集群

吾古村改造前　　　　　　常宅村改造前　　　　　　凤鸣村改造前

吾古村改造后　　　　　　常宅村改造后　　　　　　凤鸣村改造后

图 3-5　近景(吾古村)、中景(常宅村)、远景(凤鸣村)的改造

②分段控制:在对高速沿线各区段村庄现状建筑主色调提取结果的对比中发现,各区段建筑主色调呈现出了与区位及地段的相关性:北部的村庄色调以棕黄色系为主,南部村庄色调则以无彩系为主。而两段之间的过渡区域,如主城区瓯江沿线的农房主色调以米色系和青灰色系为主;开发区高速沿线农房色调则以棕黄色系和青灰色系为主。结合现状沿线村庄的主色调分布规律,规划确定北段以"秀雅"为主题,色彩上主要采用明度偏低的浅黄色作为主色调;南段以"明丽"为主题,采用明度相对较高的浅米黄色作为主色调(见图 3-6 和图 3-7)。

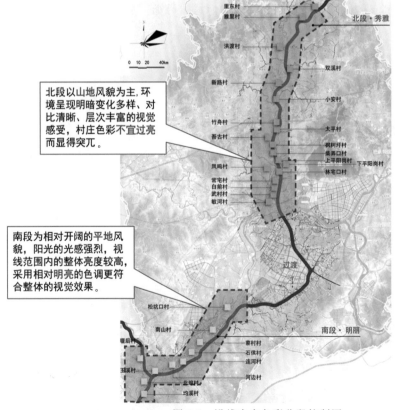

图 3-6　沿线农房色彩分段控制图

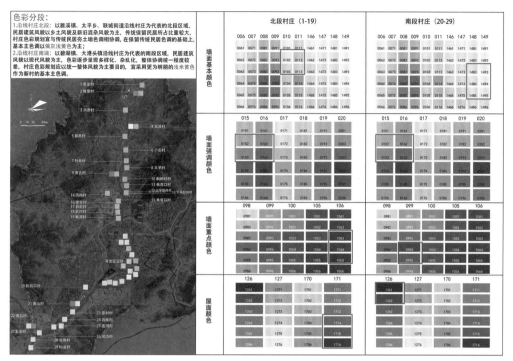

图 3-7　农房立面色彩选择范围引导图

③分级控制:在该控制层级下,规划主要从村庄沿高速的界面长度和距高速远近两个维度分类,大界面村相对于小界面村更难实现村庄与环境的融合,而近距离村相较于远距离村更注重村庄公共空间和建筑立面的细节表现,因此不同分级的村庄的整治思路侧重点因地而异,有所不同。

④分类控制:对村内建筑而言,主要存在高度、体量以及年代风貌的差别。因此,立面改造一方面需保留传统建筑的风貌特征,修旧如旧;另一方面需对产生强烈对比的生硬边界进行消解,使新老建筑更和谐共存。在对传统民居和现代农房立面改造策略的探索上,规划从农房立面基本色、重点色、强调色着手,以墙体色作为主要的基本色,以屋顶、墙裙等部位的颜色作为强调色,对门窗、披檐等细部构件的颜色作为重点表现的色彩,以此形成色彩指引性搭配的通用逻辑,作为增强村庄农房立面整体性的有效管控措施(见图 3-8)。

在遵循上述技术路线和措施的前提下,规划对沿线村庄逐一进行了立面整治方案的设计(见图 3-9)。

(4)选点带动

我们选择了高速沿线北段的洪渡村作为试点,实施详细改造设计方案,为沿线村庄下一步的整治工作起示范及引导作用。

洪渡村沿高速呈带状布局,与高速距离较近,沿高速展开面相对较长。洪渡村内设有高速收费站,是莲都区北部的"门户"村庄。村庄居住区地势平坦,村内以新建建筑为主,但仍保留着一部分完整的传统民居片区,农居整体形成一个新旧混杂的风貌,村内民居色彩协调程度较差。村庄现状问题主要集中在以下三方面:

①色彩杂乱、缺乏主色调

洪渡村建筑现状主要分为夯土色、蓝色、亮彩色及无彩系暗色四个色系,各自占了约全部建筑 1/4 的比例,色彩较为杂乱,连续性较弱。

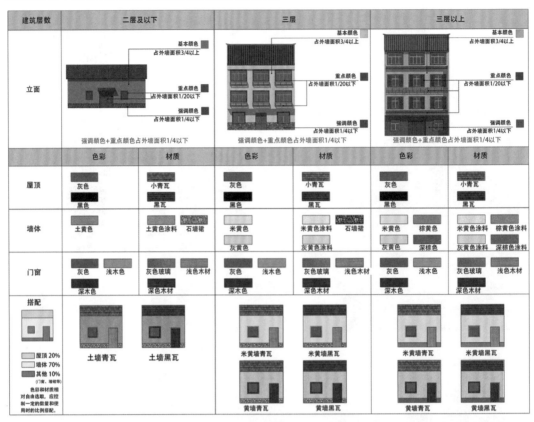

图 3-8　建筑立面色彩控制引导图

敏河村立面改造效果图　　　　　　　　　　　雅里村立面改造效果图

常宅村立面改造效果图　　　　　　　　　　　均溪村立面改造效果图

图 3-9　沿线村庄立面改造效果

②装饰杂乱,缺乏整体感

洪渡村现已实施的村庄建筑改造措施主要为粉刷蓝色墙面与运用大量非本土的穿斗线、装饰带等元素,村庄的立面肌理原生性和多样性缺失,村落的历史变迁风貌特征被忽略。

③缺乏环境提升

洪渡村拥有良好的自然环境资源,面山临水。但村庄目前整体绿化较为简单,重要节点、农田绿化较为杂乱。

针对以上主要问题,我们首先确定村庄主色调为浅米黄色,呼应分段控制的要求,并通过梳理村庄脉络,提取了村庄典型建筑元素并适当加以演变和拓展,应用于立面设计中(见图 3-10)。我们对村内不同类型的建筑提出了"保护""修复""整治"和"提升"四种整治模式,并对建筑材质提供了引导(见图 3-11)。

村庄环境的提升是本次设计的重要关注点之一。洪渡村曾作为"渡口",统一提取摆渡竹筏的"竹"元素,结合村口及村委会广场空间进行了景观提升设计。小广场设计以竹制的展示牌作为村庄文化展示载体,并对村委会及公厕外立面添加了竹元素,使其形成一致的整体(见图 3-12)。

线状集群·公路集群

图 3-10　洪渡村方案设计鸟瞰图

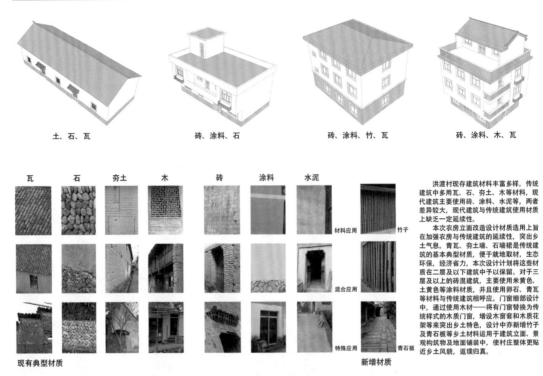

土、石、瓦　　砖、涂料、石　　砖、涂料、竹、瓦　　砖、涂料、木、瓦

瓦　石　夯土　木　砖　涂料　水泥

材料应用

竹子

混合应用

特殊应用

青石板

现有典型材质

新增材质

洪渡村现存建筑材料丰富多样，传统建筑中多用瓦、石、夯土、木等材料，现代建筑主要使用砖、涂料、水泥等，两者差异较大，现代建筑与传统建筑使用材质上缺乏一定延续性。

本次农房立面改造设计材质选用上旨在加强农房与传统建筑的延续性，突出乡土气息。青瓦、夯土墙、石墙裙是传统建筑的基本典型材质，便于就地取材，生态环保，经济省力，本次设计计划将这些材质在二层及以下建筑中予以保留。对于三层及以上的砖混建筑，主要使用米黄色、土黄色等涂料材质，并且使用卵石、青瓦等材料与传统建筑相呼应。门窗细部设计中，通过使用木材——将有门窗替换为传统样式的木质门窗，增设木窗套和木质花架等来突出乡土特色，设计中亦新增竹子及青石板等乡土材料运用于建筑立面、景观构筑物及地面铺装中，使村庄整体更贴近乡土风貌，返璞归真。

图 3-11　洪渡村立面改造材质控制

图 3-12　洪渡村村委会景观提升效果及建成图

村口标识牌则利用村庄废弃房屋的残墙,保留其基本主体,对其进行一定修复后,以竹片为材料直接将"竹筏"的形象应用于景墙之上。其寓意一目了然,直观且富有趣味性。景墙凸显了村庄的特色,最终取得了不错的实施效果(见图 3-13)。

图 3-13　洪渡村村口景墙改造效果及建成图

3.1.2　水系集群的特色线

◉ 杭州"三江两岸"地区村庄生态化更新[①]

1. 基本情况

杭州"三江两岸"地区,是指从新安江大坝起至钱塘江下游杭州市域范围内的"三江"沿线狭长形带状区域,区域内地形以平原、丘陵为主,前后长度约 231 公里(支流沿线除外)。"三江两岸"沿线村庄共 145 个,分属乡镇街道级行政单元 30 个以上(见表 3-2)。隶属的行政单元有街道、乡、镇、产业园区、旅游度假区等。"三江两岸"地区所处的杭州市是长江三角洲经济圈两个副中心城市之一,也是浙江省省会。据浙江统计局统计,杭州 2020 年常住人口 1194 万人,人均 GDP13.49 万元,农村居民可支配收入 3.87 万元。

表 3-2　"三江两岸"村庄数量及行政隶属

县(市、区)	乡镇街道/个	村庄/个
建德市	8	35
桐庐县	5	22
富阳区	10	48
萧山区	5	26
之江旅游度假区、滨江区、江干区、下沙高新技术产业园区	>2	14
总计	>30	145

注:县(市、区)的行政区划设立、变更和隶属关系以 2015 年为准,下同。

根据《杭州市"三江两岸"生态景观概念规划》提供的规划范围,"三江两岸"总长度为

---

① 该项目获浙江省优秀城乡规划三等奖。

231公里,村庄分布密度远远高于平均水平,这与所处地区交通便利、环境宜居等方面因素密不可分(见图3-14)。

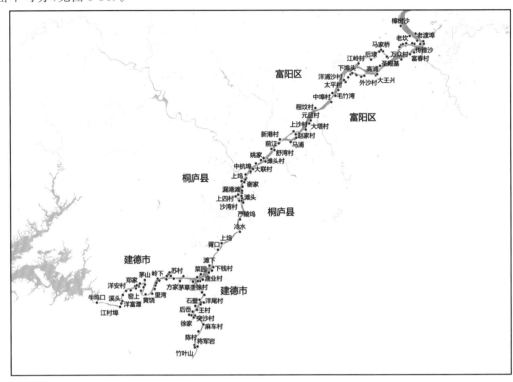

图3-14 村庄行政隶属及空间分布

"三江两岸"地区地形复杂多变,呈现出多样化的空间组合特征,沿江地形空间大致可分为峡谷型、河谷型、山江冲积平原型、江岸平原型(见表3-3)。

表3-3 沿线空间特征分段

空间分段类型(村庄个数)	分段情况(村庄个数)	空间特征
峡谷型(30)	洋溪至下涯段(11)	
	大洋段(8)	
	三都至富春江镇段(7)	
	鹿山段(4)	
河谷型(28)	杨村桥至梅城段(10)	
	场口新桐段(18)	
山江冲积平原型(48)	富春江镇至江南段(22)	
	春江至渔山段(26)	
江岸平原型(39)	萧山段(26)等	

2.特色概述

(1)生态景观资源丰富,类型多样

"三江两岸"沿线村庄生态景观优良,在建德、桐庐、富阳三县市沿线,受山水组合及地形与地貌影响,村庄分布呈现出不同的景观风貌特征。

①建德段——带状镶嵌于山地之间、疏密相异的景观风貌

新安江与富春江上游均位于建德境内,两侧紧临江面分布较多山体且地势较高坡度较陡。由于沿线主要以山麓或山谷、山坳地形为主,因此村庄沿江分段式分布,往往呈现出村庄呈段带状镶嵌于山地之间的景观风貌。其中村庄在洋溪街道、大洋镇以及梅城三都段分布较为集中,其他地区受山体影响,少量村庄零星分布。

②桐庐段——较为均匀分布于临江平原和山麓河谷区

富春江桐庐段由南向北流经狭长形河谷地段西侧,除上游段两侧均为丛山峻岭,中下游地貌基本为一侧山体一侧平原。由于江面东岸地势较为平缓,西侧距离山体现存带型的山麓缓冲区域,因此"三江两岸"桐庐段西岸沿线村庄分布较为均匀分散。其中村庄主要集中于城南街道至江南镇沿江西侧的平原地区,江东则因地零星分布部分村庄。

③富阳段——呈现自山麓河谷、丘陵至平原或沙洲密集分布

富春江富阳段自西南向东北流经富阳境内,上游段为桐庐段河谷地形延伸,中游沿江两侧均为山地丘陵,下游为江河冲击形成的小型平原和沙洲。受地形地貌影响,村庄分布呈现出分段集中的特征。其中在西南部上游段,村庄主要沿江呈带状分布形式;中游仅山麓及山间分布少量村庄;下游由于江北为城市建成区,村庄集中分布于江南平原和沙洲上。

(2)乡村生态性传承良好,江村景共融发展

①基本类型、结构与空间分布

根据"三江两岸"富阳段、桐庐段各村生态性分析,以及宏观层面和微观要素对各乡村的具体表现,我们将这些沿线村庄归纳为三种类型,即原生态型村庄、城乡边缘转型村庄、城镇发展型村庄。

通过对"三江两岸"富阳段、桐庐段、建德段总共 105 个村庄的综合分析,原生态型村庄共计 45 个,占总数的 42.9%;城乡边缘转型类村庄有 25 个,占总数的 23.8%;城镇发展型村庄有 35 个,占总数的 33.3%。

②原生态类型村庄

该类村庄生态性价值较高,较好地保留原生态的环境。该类型村庄大多集中在城镇建设区以外,富春江两岸山体环绕区,主要发展以传统农业、生态休闲观光为主的生态产业。乡村人口较少,用地开发量较小,较大程度维护原生态的自然风貌。此外由于村庄大多处于沙洲、山体丘陵的地形,与富春江景观的融合度更高。在未来规划中,这些村庄都集中在禁建区或限建区,有着较高的定位,从而能更好地融合人居环境和生态景观环境。具体分行政区名单见表 3-4。

线状集群·水系集群

表 3-4 原生态类型村庄汇总

县（市、区）	原生态类型村庄
富阳区	环山乡：中埠 新桐乡：江洲、俞家、程浦、春渚、新桐、小桐洲 渌渚镇：新港 渔山镇：渔山、墅溪 场口镇：赵欧、东梓关、上村、华丰、青江 春江街道：太平 鹿山街道：江滨、汤家埠 东洲街道：新沙、黄公望
桐庐县	江南镇：锦江、横山埠 富春江镇：芦茨、孝门、上泗、七里泷 城南街道：湾里、金联 桐君街道：君山、濮家庄、梅荣
建德市	梅城镇：滨江 乾潭镇：乾潭、安仁 三都镇：三都、三江口、松口、春江源 大洋镇：胡店、鲁塘、三河、江东、倪家、建南 杨村桥镇：绪唐

③城乡边缘转型村庄

该类村庄生态型价值一般，大多位于城乡交界处，总体较为分散，作为城镇未来发展用地的同时，仍保留着乡村整体风貌。由于乡村职能的转型和扩张，乡村产业结构也发生较大的变化，主要从原有传统农业向着城镇化综合业态转型。同时随着乡村基础设施的完善，江岸也由原有生态化的基质逐渐向城镇化的硬质岸线过渡。此外，由于地势较为平坦，乡村土地也较适于建设开发，村庄定位变为村改居村庄。原生态的自然生活空间从而有了较大程度的改变，但生态性还有一定的保持。具体分行政区名单见表 3-5。

表 3-5 城乡边缘转型村庄汇总

县（市、区）	原生态类型村庄
富阳区	渌渚镇：山亚 场口镇：上沙、鸿丰、新元、联群、洋沙 东洲街道：五丰、张家、红旗、陆家浦、木桥头
桐庐县	江南镇：舒川 富春江镇：俞赵、横山
建德市	大洋镇：麻车 下涯镇：之江、丰和、施家 梅城镇：南峰、城西、葛家、龙泉 杨村桥镇：十里埠 洋溪街道：洋安 新安江街道：丰产

④城镇发展类村庄

该类村庄生态型价值较低,大多为城镇已开发地段,有些为城镇中的城中村。整体体现城镇格局,且呈簇团与城镇共同转型、发展;产业结构多以工业、制造业为主,以服务业、农业为辅。在人口向着城镇级别的扩增中,生态用地基本丧失,转变成建设用地。由于城镇化的基础设施建设,江岸关系、与景观的融合也都以城镇风貌示人。同时,在适建区和农改居村庄等定位的引导下,村庄将逐渐丧失原有乡村的生态风貌,完全转变成城镇格局,生态肌理将面临较大破坏。具体分行政区名单见表3-6。

表 3-6 城镇发展类型村庄汇总

县(市、区)	原生态类型村庄
富阳区	里山镇:里山 灵桥镇:灵桥、王家宕、江丰、外沙 春江街道:八一、临江、建设、中沙、春江 东洲街道:建华、民联、东洲、何埠、紫铜、学校沙
桐庐县	江南镇:渔业、窄溪 富春江镇:渡济 凤川街道:柴埠 城南街道:上杭、大丰、滩头、上洋洲、下洋洲
建德市	大洋镇:大洋 梅城镇:姜山、西湖 下涯镇:马目、下涯、江湾 杨村桥镇:杨村桥 洋溪街道:朱池、城东、洋溪

3.规划策略

(1)村庄集群化更新建设总体方向

从国外村庄更新发展三个演变阶段和特征看,杭州"三江两岸"地区村庄正处于全面现代化阶段,规划建设时期村庄更新建设总体方向将从现代化乡村向生态化乡村转变,主体功能将从生产性功能、生产性与消费性功能并重转向以生态功能、文化功能为主导,乡村地区的生态价值、文化价值、旅游休闲价值将提高到和经济价值、社会价值同等重要的地位。

(2)村庄集群化生态更新的总体目标

我们提出由产业经济、环境空间、社会文化、设施建设四个子系统共同构建村庄生态化更新目标和内容体系。围绕这四个系统确定的村庄生态化更新总体目标是:区域生态功能维护、建设与提升,即村庄生态化更新要以可持续发展为统领,更为积极地推进原生态农业、有机农业、多样化非农生态产业的乡村经济系统建设;更为注重绿化、净化、活化的空间生态系统建设;更加着力构筑环境友好、资源节约、富有文脉延续的社会文化系统;更加完善综合整治、生态网络格局保护的基础设施系统。

(3)村庄集群化生态更新模式构建

我们从村庄生态化更新模式的原则和目标出发,围绕更新模式在规划建设层面的空间要求,分别对产业经济、环境空间、社会文化、设施建设四个子系统提出核心内容要求(见表3-7)。

线状集群·水系集群

表 3-7 村庄生态化更新规划体系框架

子系统	总体目标	核心内容框架
产业经济子系统	促进传统农业经济向健康农业、生态经济转型	产业生态转型引导:有机农业、工业、服务业
环境空间子系统	向绿化、净化、活化的可持续生态环境系统演变	空间结构活化
		生态景观
		环境恢复
社会文化子系统	促进村民传统生产、生活方式及价值观念向环境友好、资源高效、系统和谐、社会融洽的生态文化转型	文化传承
		生态文明
		制度建设
设施建设子系统	乡村整治建设立足空间结构活化、能源优化、生态建材、废弃物再生、活水净水、景观生态、土地修复	交通设施与能源优化
		建筑和废弃物再生
		地方材料、生态建材
		市政设施的低成本、少维护的可持续建设

①产业经济子系统:有机农业、多样化非农产业、生态转型。持续巩固原生态、有机农业的贡献作用,倡导以生态发展为主体的农村经济生产模式,提高绿色农业的规模化、集约化、节能化改造,夯实高效农业经济发展的基础。同时调整优化农村产业结构,引导乡村非农产业的多样化发展,利用绿色理念和手段提升产品的附加价值,加快产业整体生态化转型。

②环境空间子系统:结构活化、生境多样、环境自净。首先,重视村庄在区域层面的空间组合关系,通过节点、段落、界面等更新形式,保持并形塑不同层面的村庄生态化更新空间格局,体现乡土空间肌理和形态变迁过程。其次,在更新中增加生物物种的丰富度和本土化栽培比例,紧密更新建设与自然环境的契合关系,营造多样生动的环境。最后,利用更新手段,培育环境的自我修复、自我调节、自我适应的弹性状态,增加生态化的持续动力。

③社会文化子系统:生态文明构建、历史文化传承、更新制度保障。首先,通过有意识地宣传生态村庄文明,推广节能技术、循环工艺、生态习惯等内容,扭转原有的更新惯性,构建生态文明意识与自然和谐情感氛围。其次,在尊重历史文化的基础上,借由对节点、设施的更新建设,营造传统乡土生活氛围。最后,通过管理创新和制度建设巩固更新建设成果,并将物质性建设更新领域逐步延伸到管理、维护的更新范畴内。

④设施建设子系统:交通优化、废物再生、建材生态、市政设施可持续建设。以低消耗、低污染的非常规能源利用形式和低碳出行交通方式,补充或替代传统的能源消耗方式和出行方式。

加快农村建筑的节能改造,从实际应用水平出发,灵活选取适宜的建筑节能手段,增加低品质(低能值转换率)的能源使用。同时充分利用废弃建筑物、构筑物,进行功能和空间的生态化改造,使其重新焕发活力。

鼓励更多地采用降低能耗的新材料、新技术、新施工方法,尤其是鼓励本地化材质和工艺技术参与到建设过程中,减少设施建设中的转移能耗。

对市政基础设施进行节能改造,减少转运过程的能量损耗,并结合村庄地形、设施使用状况等灵活采取多样的市政设施配置方案。

(4)沿岸村庄集群化更新规划建设指标

针对"三江两岸"村庄集群化,围绕生态特色,更新规划建设四项子系统的指标要求,结合相关规划编制内容、生态村庄评价体系等内容,提出每一类子系统的详细指标要求(见表3-8)。

表 3-8　沿岸村庄集群化生态更新规划建设指标

子系统			本研究中的技术指标要求	
产业经济子系统			引导工业向城镇集聚	
			加速传统农业经济向健康农业、持续生态经济转型	
			提高本地出产就近消费比例	
			村域内通过 ISO14000 论证规模化企业比例超过 90%	
			推广平衡施肥技术，减少农药使用比例	
			建设有机食品生态基地，无公害蔬菜基地面积超过 60%	
环境空间子系统	生物多样性		绿化用地乡土物种比例（即本地植物指数）≥80%	
			绿化物种丰富度≥10 种	
	沿河生态廊道建设		沿"三江两岸"生态廊道宽度不小于 1000 米	
			沿河生态廊道内自然湿地净损失率为 0	
			沿河生态廊道禁止任何开发建设	
	村庄规划与建设		村庄肌理维护度	
		公共绿地品质	人均公共绿地面积＞8m²	
			村庄公共绿地可达性达标率 100%	
		道路和设施	80% 村民至公交站点距离≤500m	
			太阳能公交候车亭比例 100%	
			设置并增加绿道的连通性	
			城乡生命线系统通畅	
		建筑与场地设计	新建建筑绿化率≥50%	
			公共建筑可利用屋顶绿化率≥15%	
			逐步普及无障碍设施建设	
			透水地面率＞45%	
	环境质量控制		土壤环境质量达到 GB15618－1995《土壤环境质量标准》Ⅲ类以上标准	
			地表水环境质量达到 GHZB1－1999《地面水环境质量标准》相应功能区划水质标准	
			大气环境质量达到 GB3095－1996《环境空气质量标准》二级以上标准	
			声环境质量达到 GB3096－93《城市区域环境噪声标准》相应功能区标准	
社会文化子系统			城镇规划建设用地内的村庄逐步开展生活垃圾分类收集	
			形成广泛参与的氛围和生态意识	
			建立健全有利于生态化更新的各项管理制度与配套措施	
设施建设子系统	废弃物处理		分类废弃物丢弃点在建筑物入口 50m 以内的村庄比例达 100%	
			在城镇建设用地范围内的村庄逐步推广废弃物真空收集系统	
	节水和水资源利用		管网漏损率≤5%	
			新建建筑节水器具普及率≥90%	
			积极推广使用非传统水源，雨水收集再利用率≥40%	
	节能设施		鼓励利用可再生能源利用	
		使用绿色照明	鼓励公共设施使用太阳能照明	
			LED 景观亮化	
	排水设施		构建综合可持续的雨水管理系统	
			采用生态污水处理方式	

3.2 片状集群村庄的特色营造

3.2.1 村镇集群的特色片

◉ 衢州市柯城区华墅村村庄规划与设计

1. 基本情况

（1）研究范围与内容

华墅村位于衢州市柯城区华墅乡，是华墅乡集镇所在村。村庄交通便利、自然环境优良，紧邻乌石山景区，具有一定的旅游资源。华墅乡域总面积 44.54 平方公里，下辖华墅村、金坂村等 10 个行政村。本次规划范围为华墅村村域，北至华墅乡集镇入口，南至塘北村，约59 公顷。工作内容主要为华墅村现状分析、特色挖掘及规划引导（见图 3-15）。

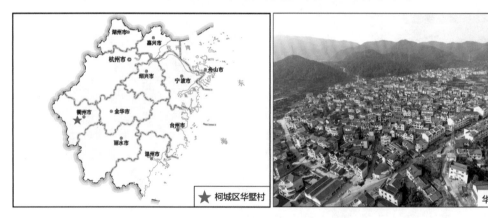

图 3-15 华墅村区位图及鸟瞰图

资料来源：浙江省标准地图（http://zhejiang.tianditu.gov.cn/standard），审图号：浙 S（2020）17 号。

（2）历史沿革

辖区清末属德懋乡一都、二都；1948 年并入航埠乡；1950 年设华墅乡，隶航埠区；1956年县直属；1958 年分设华墅、园林管理区，隶后溪人民公社；1961 年改华墅公社，隶航埠区；1984 年恢复华墅乡，隶航埠区；1992 年由县直属至今。村庄以驻地华墅得名，华墅因早年树木茂盛、景色秀美、土地肥沃、房屋连片而获得美称。

（3）自然资源情况

华墅村为丘陵地带，地势西北高、东南低，主要山峰以西北乌石山最高，海拔 521 米。华墅村拥有丰富的农田资源，村域耕地及园地面积约占总面积的 65%。村庄周边水资源丰富，有带溪和柴家溪两条河流汇入华墅乡域东南侧江山港。村庄地质构造属江南古陆南侧，华夏古陆北缘，土壤皆为黄泥砂土，盛产竹、橘等农林作物。

（4）社会经济及乡镇建设情况

华墅村为典型的镇村一体化乡村,近几年农业经济稳步发展,产业结构不断优化,从传统农业逐步迈向现代农业。村庄南部集镇工业功能区建设快速发展,现已初具规模,并形成了以服饰加工、材料包装为主导产业的特色工业功能区。近五年华墅乡全力推进产业转型,全面开展休闲旅游、美丽乡村建设,启动杭长高铁建设项目征迁、华墅乡农民集聚点等多项建设工作。

（5）现状问题

华墅村与乡集镇紧密融合,村庄内中心主街呈现集镇商业面貌,两侧居住片区呈现乡村面貌,整体风貌缺乏和谐。集镇区沿双江线两侧建筑已进行立面改造,但店招形式粗放、简陋,与商业街风貌不相协调。集镇整体形象较为杂乱,多处景观未加以开发利用,如裸露的山体、背街小巷、明沟暗渠等。

2. 特色概述

本次规划研究致力于提升华墅村村庄风貌与改善人居环境,充分挖掘华墅村优势资源,塑造地方特色内涵,为远期发展奠定基础。通过多次现场调研与座谈,我们梳理总结了华墅村的三大特色,即镇村一体的格局特色,名山相伴、田园环绕的自然特色,以乌石禅寺、儒学传承、特色民俗为核心的文化特色。

（1）镇村一体的格局特色

华墅村由华墅居民点、塘北居民点两个居民点组成,是华墅乡集镇所在地,既具有村庄格局特征,又具有集镇服务功能,是典型的镇村一体化乡村。华墅村空间分布上呈现"小规模、村肌理、组团式"的特点,同时较为完整地保留了村庄边界自然生长的痕迹。县道双江线南北贯穿整个村庄,是村庄也是集镇的唯一主街。华墅居民点与塘北居民点形成两个鲜明的组团,隔着广袤田园遥遥相望。这种优美的村庄肌理,应得到充分的保护与延续（见图 3-16）。

图 3-16　华墅村集镇格局分析

（2）名山相伴、田园环绕的自然特色

华墅村自然环境优美,周边的乌石山更是因其独特的山石色彩纹理而远近闻名,是华墅对外的重要名片。乌石山集自然生态、历史遗迹和佛教文化于一体,具有深厚的文化底蕴。山上福慧禅寺门前保存有两棵千年古银杏树,至今依然枝繁叶茂,矗立山间。古银杏树承载着地方历史与宗教文化,已成为一种信仰与寄托,是华墅乡独特的地方标志物。此外,村内还拥有丰富的农田资源。广阔的田园是村庄的大背景,田园包裹着村庄、串联着村庄,颇有世外田园农居之美。

（3）以乌石禅寺、儒学传承、特色民俗为核心的文化特色

华墅村文化特色主要体现在三方面,即乌石禅寺文化、儒学文化、特色民俗文化。

乌石山集自然生态、历史遗迹和佛教文化于一体,具有深厚的文化底蕴。山中有乌石寺、将军殿、三清观等佛教、道教寺院。每年农历七月廿四至廿九是乌石山的传统庙会,万人云集,成为闽、浙、赣、皖等地较有影响力的庙会。园林村是南宋哲学家、教育家朱熹后裔的传承繁衍之地。其子孙秉承朱熹"子孙虽愚,经书不可不读"的遗训,重视教育,传承儒学。村庄民俗活动丰富,较为突出的有龙泉头村的"舞青龙"和金坂村的"徽戏坐唱"。其中龙泉头村的龙灯闻名衢州,素有衢州南乡"第一条"之称。

3.规划策略

（1）制定目标,形成定位

规划结合村庄格局特色、自然资源特色,确立"田园风光、乌石人家"的主题形象定位——"峻山秀水、古杏追忆,传承华墅乌石文化;宜居宜游、健康生态,彰显田园人家品质",呼应华墅村镇村一体的格局特色、山田环绕的自然特色。

（2）保护与发扬镇村一体的格局特色

在保护镇村一体格局特色的前提下,为实现村庄未来建设发展,提升公共环境以满足居民生活需求,规划提出相应的整治策略。具体包括:①保留华墅乡集镇小规模格局形式,梳理村庄肌理,组织游览路线。②保护田园与村庄的关系,通过村口水塘整治、背街小巷及明沟暗渠整治改造、交通流线梳理、游览线路建设等行动,实现风貌整治与特色延续的平衡。③通过整改公共街道、打造景观空间、提升环境卫生、配置服务设施,全面提升华墅村环境品质,增强服务功能。

（3）融合特色文化,打造乡镇名片

打造"乌石人家"形象,将特色文化融入村庄规划设计与建设中。将乌石文化作为村庄文化主旋律,保护宣传乌石山古寺庙、古银杏树,科学合理开发乌石山风景区。并以传承乌石文化、打造田园人居作为总体基调,将乌石山特有的山石色彩与肌理融合到景观与节点设计中,并以银杏为特色树种点缀景观与行道,呼应乌石山特有的文化元素。同时,加强对儒学教育的传承,重视礼仪教育,加强儒学经典的宣传。发扬地域民俗活动,结合公共广场、景观节点、游线体系,对"舞青龙""徽戏坐唱"等民俗文化进行宣传展示和推广（见图3-17）。

策略1：整改公共街道，打造景观空间，提升环境卫生，配置服务设施。**策略2**：保留小规模格局形式，梳理村庄肌理，组织游览路线。

策略3：打造"乌石人家"形象，将特色文化融入环境整治中。

铺装设计（乌石色彩）　公园设计（乌石元素）　行道树设计（银杏）　标志标牌设计（乌石色彩）水景设计（乌石形态）

图 3-17　华墅村规划策略分析

4. 空间营造

(1)总体方案设计

根据实际建设与发展情况，规划从整体出发，进行总体方案设计（见图 3-18）。

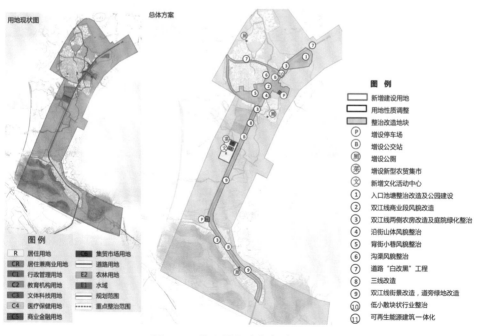

图 3-18　华墅村整治方案总平面图

明确新增建设用地三处：乡政府南侧新增一处居住用地，为农房集聚区；集聚区内新增一处集贸市场用地、一处文体科技用地。用地属性调整两处：将原集贸市场用地调整为道路广场用地；将塘北村口部分空地调整为道路广场用地。建设项目共11项，包括入口华墅公园建设、双江线商业段风貌改造等。

（2）乡镇风貌整治设计

在风貌整治层面上，我们通过划分不同的整治区段来提出相应的风貌管控策略（见图3-19），从具体项目着手，因地制宜，落实到位。

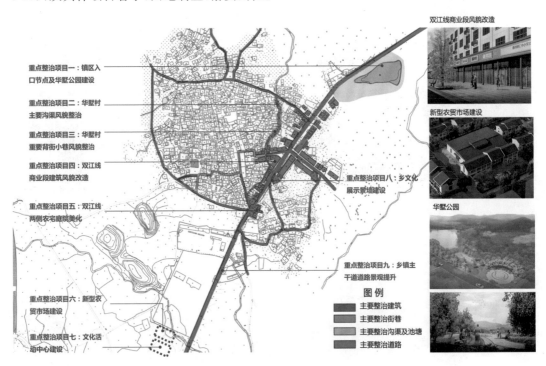

图 3-19 华墅村风貌整治规划

①居住建筑风貌引导：暖色调、巧点缀。村庄居住建筑适宜以中高明度和中暖色调为主，并采用木色、青灰色作为装饰点缀；保留传统建筑外墙色彩，建筑形式不变，严格控制建筑密度，低层建筑采用坡屋顶。

②沿街商业风貌引导：深色大气、乌石人家。对集镇主街风貌不协调的店招进行改造，使用深色系呼应"乌石人家"定位，与现状建筑外立面色彩协调统一。改造沿街建筑空调机位，使用木色格栅；卷闸门改造为钢化玻璃门。对原农贸市场进行拆除，于乡政府南侧设计建造新型农贸市场。

③道路、街巷与沟渠风貌引导：改铺装、增绿化。双江线道路景观设计主要包括铺装设计及行道树设计。行道两侧种植银杏树，呼应乌石山千年古银杏形象。街巷改造应保留原有乡村肌理，对铺装、绿化进行改造设计。铺装选取深色的石板、青砖，呼应"乌石"主题。街巷两侧适当补植本土植物作为点缀。此外，沟渠风貌改造在水质净化基础上，增设安全护栏，绿化驳岸。

④园林绿地整治提升:休闲、生态、健康

对乡镇内现有自然景观资源加以利用,乡镇入口处结合门户景观设计华墅公园。设计沿塘游步道,梳理现状植被,适当补植亲水植物。对双江线一侧山体周边环境进行清理,补植色彩明快的植物,并设计乡镇文化展示景墙。

(3)重要节点设计

①重要节点一:村庄入口节点及华墅公园建设

华墅村入口两侧现状景观较为萧条,且缺乏门户标识物。规划增设入口标志标牌、改造闲置绿地及池塘,建设华墅公园。公园以"乌石文化"为特色,呼应"乌石"色彩与形式,选取银杏等本土特色的植物,布置银杏长廊、活动广场、沿塘健身步道,体现"休闲、生态、健康"的主题(见图 3-20)。

图 3-20　村庄入口节点及华墅公园设计效果

②重要节点二:双江线两侧建筑与景观风貌整治

双江线华墅村段商业街现状建筑形式粗放、构件简陋。规划设计针对存在问题,对建筑外立面进行美化,同时布置银杏树池、增设城市小品,呼应"乌石人家"形象主题。此外,集镇塘北村段现状农房立面杂乱,缺乏绿化。规划整治农房立面,补植庭院及道旁绿化,整体提升双江线塘北村段沿街风貌(见图 3-21)。

片状集群·村镇集群

华墅村段商业建筑立面改造：在原有改造基础上进一步提升，美化外观、保障安全

塘北村段农房立面改造：整治风貌、协调统一；美化庭院、绿化道路

图 3-21　双江线两侧建筑与景观风貌整治效果

片状集群·行政村集群

3.2.2　行政村集群的特色片

◉ **安吉县梅溪镇昆山东片美丽乡村精品示范区规划**

1.基本情况

梅溪镇昆山东片位于安吉县最东部，距湖州市区约30公里。以片区为中心的1小时交通圈可达湖州、杭州，1.5小时交通圈可达苏州、宣城，2小时交通圈可达上海、南京、杭州萧山机场等地，交通相对便利（见图3-22）。

梅溪镇昆山东片由管城村、三山村、上舍村组成，管城村位于片区北部，三山村位于片区中部，上舍村位于片区南部，三村之间通过乡道串联。三村公共服务及配套主要依托片区西侧长林垞村及梅溪镇镇区，各村内配有小型杂货店、文化礼堂、小型健身苑等基本设施，三山村尚有寺庙一座。

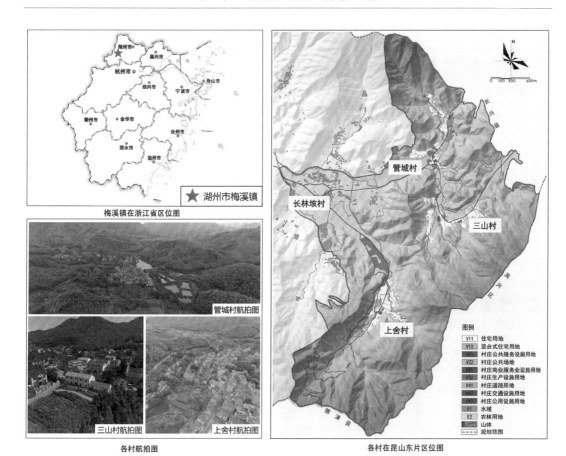

梅溪镇在浙江省区位图

管城村航拍图

三山村航拍图

上舍村航拍图

各村航拍图

各村在昆山东片区位图

图 3-22　梅溪镇区位及航拍图

资料来源：浙江省标准地图（http://zhejiang.tianditu.gov.cn/standard），审图号：浙 S(2020)17 号。

片状集群·行政村集群

2.特色概况

管城、三山、上舍三村的特色优势主要集中在"区域一体的优质生态与类型丰富的历史遗存"及"厚实稳固的农业基础与势头良好的旅游发展"的多重体现。概括而言，主要包括自然环境、产业资源、文化资源三方面。

（1）自然资源

三个村庄四周山体环绕，相互连接，形成整体；溪流从村庄趟过，汇于长林坞村；田园沿主要道路两侧分布，相连成片。管城村内有黄玉水库和里阳坞水库，黄玉水库水面宽阔、景观优美。三山村南北两侧地势较高，青山绵延，村落隐于山谷之间。村域之中，水域点缀，碧水荡漾；村庄之内，有多条溪流穿村而过。上舍村四面环山，最高山峰四面山海拔 400 余米，山峦重叠，森林茂密，修竹翠绿，气候凉爽，村子内外古树参天，风景宜人，环境优美，昆溪水穿村而过。

（2）产业资源

昆山东片农业基础厚实，水田、果林、茶园、竹林等农林耕种区域面积较大，主要经济作物为基本农产品、水果、毛竹、白茶。第二产业以竹、茶制品加工为主。农业观光、采摘、"农产品＋互联网"等新农业发展模式潜力巨大。

（3）文化资源

三山村和上舍村的历史文化资源较为突出。

自北宋后期、南宋时期起，设昆山乡，下辖仙涧、苕水、候溪、三山、合川五个里。现仅"三山"沿用至今，村庄因东面形同元宝的三座山峰而得名，是安吉县历史延续性最长、传承最悠久的古村落。现村内有保存较为完好的古道、古树、古民居、古桥、古关隘、古寺庙等遗迹，俗称"三山六古"。三山庙（现秀峰寺）始建于清代，是县级文物保护单位，村庄内佛教传承不断，文化久远。村内有三条通往邻县的山间古道，年代久远，可追溯至三国时代，有相当高的的保存利用价值。

上舍村人文资源丰富，其中较为凸显的是舞龙文化和红色文化。曾有过7个县政府机构在上舍村驻扎，是"吴安联中"（现湖州中学）扎寨地，《吴兴时报》（现《湖州日报》）的栖息地——抗日战争浙西重要根据地；有已传承1000多年的朱氏家谱，介绍三国名将朱治、朱然家族的兴衰发展历史。三山村还是闻名全国的长兴百叶龙的发源地，是化龙灯的故乡，是国家级非物质遗产。由"化龙灯"演变而来的安吉竹叶龙，享誉国内外。村内现存舞龙博物馆一处，兼作村文化礼堂。

（4）问题与挑战

昆山东片在坐拥诸多优势资源的同时，也面临着矛盾与问题，主要体现在生态保护、产业发展及旅游业发展等方面的弊病。

①生态维育价值认知度不高。村民对生态维育的价值认知度普遍不高，近年来白茶的效益提升，而毛竹的效益则日渐降低。同时，政府的监管力度不足，片区内村民毁林毁竹进行白茶种植，导致森林破坏严重，存在水土污染与流失隐患。

②产业发展方向有待转型提升。昆山东片的现状产业主要为传统农业种植（白茶、毛竹、粮食），以及小规模的竹制品加工业，整体产业仍然较为传统与低端，无法与新型"生态农业＋"产业发展相契合。

③整体形象塑造薄弱。昆山东片对外形象的整体塑造对片区的优势资源利用不足。对外展示侧重于白茶种植地，而忽视了对历史文化的展示，如三山六古历史遗迹、上舍红色文化、舞龙文化等，导致整体形象单薄，与周边地区同质化。

④土地利用粗放，配套设施较为落后。昆山东片村庄内建设用地分布现状较为分散，土地利用较为粗放，人均建设用地达到160m²/人。昆山东片目前旅游尚处于起步阶段，村内尚无统一的游客服务设施，公共停留空间极少，仅有少量的杂货店、简陋的餐饮店等。

3. 规划策略

（1）着眼未来，锚定片区发展目标

立足于安吉县"中国最美县域"和梅溪镇"安吉门户、休闲产业繁荣之镇"的发展目标，以及梅溪镇昆山东片区打造"长三角高端度假养生天堂、国际化生态型全域度假目的地"的特色旅游度假区发展意向，将梅溪镇昆山东片的发展目标定位为"浙北乡村新燃点、安吉活力新支点"，使其成为浙江最美乡村示范区、浙北生态休旅联动体。其功能定位为"作物优良的农产领地、生态休闲的旅游胜地、民俗文化的探源高地"。

（2）区域联动，构建"五＋十二＋三"战略体系

结合昆山东片三村成片发展的特点，规划提出联动发展、差异并进、厚度提升三大发展

策略,从而彰显区域发展优势,带动产业发展引擎。

①联动发展。内容包括区域一体化、交通网络化和服务共享化三个方面。规划统筹考虑长林垓村、管城村、三山村及上舍村的交通、设施、产业等,通过推进旅游市场一体化、交通基础设施建设、服务设施配置等手段实现区域一体化发展;通过车行、慢行、旅游线路等的组织,连通管城、三山、上舍三个村庄,形成联系便捷、村庄互通的网络化交通体系;服务设施配置从区域整体出发,合理安排每个村庄所需的服务设施。

②差异并进。规划以"一村一特色、一村一品种"来实现三个村的差异发展。深入挖掘三个村庄的特色资源,寻找三村的差异资源,塑造不同特色的村庄,依托片区的优质环境与田园资源,三个村庄分别植入不同品种的果树种植。

③厚度提升。内容包括产业丰度提升、村民幸福度提升、空间深度提升三个方面。产业丰度体现在多元化全域产业体系的构建;村民幸福度体现在物质与精神双方面提升;空间深度体现在旅游空间体系的延伸。

在此基础上,规划构建了"五大基地、十二平台、三大支撑"的战略体系(见图3-23)。

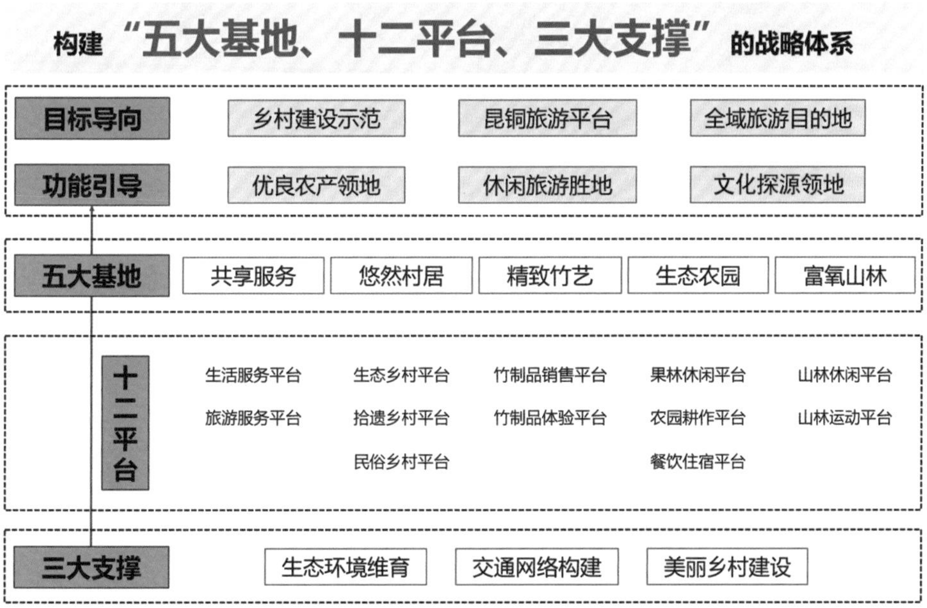

图 3-23 梅溪镇昆山东片规划战略体系

其中,五大基地与十二平台分别为(见图3-24):

①共享服务——综合服务基地。依托长林垓村建设,根据村民需求,构建生活服务平台及旅游服务平台,为长林垓村、管城村、三山村、上舍村及游客服务。

②悠然村居——乡村体验基地。依托管城村、三山村、上舍村三村不同的特色资源,形成生态、拾遗、民俗三个不同的乡村旅游平台,从而构建昆山东片区域"一村一特色"的旅游体系。

③精致竹艺——工业转型基地。主要依托现状上舍村竹制品生产工厂,以"手工艺+旅游"的理念进行转型升级,植入竹制品"销售+体验"两大平台,丰富区域旅游产品。

④生态农园——生态农业基地。主要依托优质果林农田,形成果林休闲、农园耕作、餐

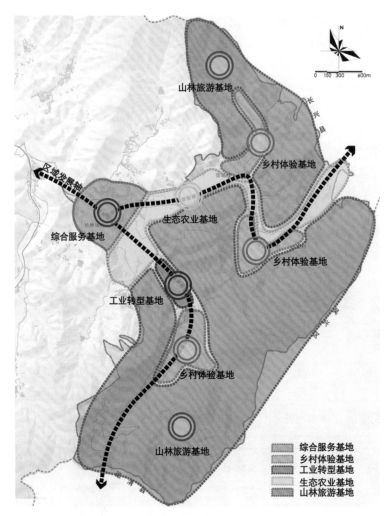

图 3-24　梅溪镇昆山东片五大基地布局

饮住宿三大平台；并在三个村的果林中植入冬枣、甜柿、奇异果三种不同产品，形成"一村一品种"的农产生产。

⑤富氧山林——山林旅游基地。主要依托昆山东片广袤山林进行发展，在保护生态环境的基础上，针对不同爱好人群，构建"休闲＋运动"两大山林旅游平台。

（3）空间布局，支撑目标战略落实

为确保发展目标与战略体系落实，规划确定昆山东片"一心两轴、一带两片三区"的空间布局结构（见图 3-25），组织"一心一带两片四区"的功能分区（见图 3-26）。

规划通过车行、慢行、滨水、山道等多元化交通的建设（见图 3-27），构建网络化交通体系，将交通系统延伸至山林、水系，提升昆山东片旅游空间深度。在旅游线路方面，以区域主要车行道、"三山—上舍"古道为依托，形成"长林坞—上舍—三山—管城"区域互动的旅游线路。并从旅游主环进行延伸，规划多条旅游支线，联系村庄及周边山林的旅游景点，形成旅游联动发展（见图 3-28）。

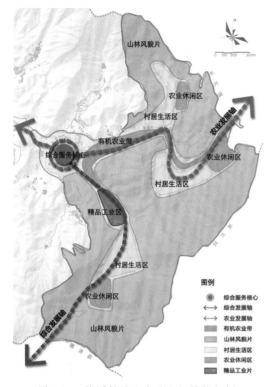

图 3-25　梅溪镇昆山东片空间结构规划

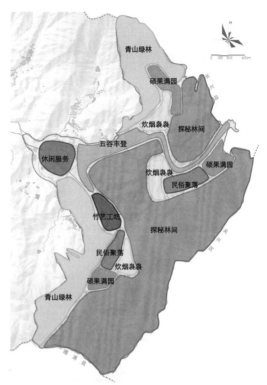

图 3-26　梅溪镇昆山东片功能分区规划

图 3-27　梅溪镇昆山东片交通组织规划

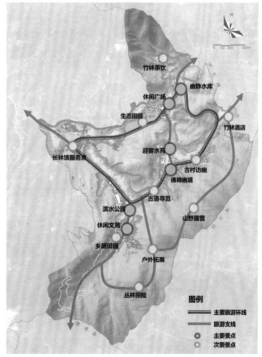

图 3-28　梅溪镇昆山东片旅游线路规划

片状集群·行政村集群

（4）一村一品，实现差异化特色发展

在区域发展基础上，规划提炼片区内三个村庄的特色资源，提出特色化发展方向与定位。

①三山村：基于其沿用至今的村名和保存完好的历史资源（三山六古），定位为钟灵三山、魅力古村；功能定位为安吉文化旅游名村、生态旅游品牌乡村。重点发展休闲农业与文化旅游业，构筑"果＋农＋旅"的农业文旅特色产品体系。

②上舍村：基于其红色文化根据地与非物质文化遗产长兴百叶龙的文化基础，定位为非遗山村、人文上舍；功能定位为国家级非遗文化展示点、文化体验居旅型村庄。重点发展文化旅游与初加工工业转型产业，构筑"工＋旅"的特色手工产品与文旅产品体系。

③管城村：基于其风光秀丽的田园风光、水库及村口的柏树，定位为古柏新韵、乐活管城；功能定位为休闲农业旅游村、现代宜居精品村。重点发展乡村休闲旅游与生态农业观光体验产业，构筑"果＋蔬＋茶＋渔"一体化的农业休闲产品体系。

4. 空间营造

空间营造主要考虑节点设计与村庄历史、民俗以及未来产业发展需求的联系。三个村各有特色，且不乏观光游览的景点。相对而言较为缺乏的是对村庄特色加以提炼和体现的空间场景。因此，按照这一思路，空间营造优先从以下三方面展开：

（1）重塑历史记忆

村庄历史遗迹是村庄的重要名片以及维持村庄乡愁的重要载体，历史文化素材在一定程度上也可以融入村庄产业，作为村庄向外推广与发展的重要媒介。规划将村庄主要历史遗迹进行梳理，以轻介入的设计方式，还原其原始面貌，重塑村庄历史记忆。

以三山村为例，从"三山六古"入手，设计了历史人文游线。游人以寻访三山六古遗存为引，领略三山村独特的民风民俗，感受其浓厚的文化底蕴。沿线可参观三山古庙、文化礼堂、竹艺馆、民俗馆、古道及古银杏。在此基础上，规划对村内两处遗迹进行了环境提升设计。

一是位于村庄东侧的古道遗址。经过长年的岁月侵蚀，古道现已埋没在村庄的步行线路中，虽保留着道路功能，但标识性不强，无从辨认。设计从村庄内部引出步行线路与古道相连。古道材质以卵石为主，村内步行道则采用青石板与卵石的铺装，与其呼应。两者采用类似的景观种植体系，强调古道在历史上的作用与价值（见图3-29）。

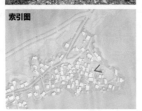

图3-29　三山村古道景观提升效果

　　二是位于村庄中心位置的三山庙。庙宇主体已经基本完工,但场地及周边环境与村庄的延续性较差,缺乏庙宇作为精神核心的仪式感。我们对三山庙场地空间进行了梳理,以"前院后园"的方式整合了其场地空间,在主广场前借用公共空间设置了入口广场;并对其附属建筑进行了适度的立面改造,使整个建筑群在主色调上有一个统一的基调;还在广场周围搭配村庄常见观赏性乔木及灌木,以乡土植栽打造景观环境(见图 3-30)。

图 3-30　三山庙景观提升效果

　　(2)强化人文民俗

　　舞龙文化是上舍村重要的民俗活动,村内至今仍保留着舞龙队,每到重要节日都有演出。村内建有舞龙博物馆一处,但平日里鲜有展示需求。舞龙文化作为村庄名片之一,对外仍缺乏宣传和展示力度。我们通过对外部节点的改造,强化人文民俗的"名片"效应,将其留在村庄的土地上,也留在游客的心里。

　　对舞龙博物馆前广场及其南侧用地空间进行了整体改造提升,首先,保留了舞龙博物馆前广场的原有形式,通过景观绿化提升和增加绿化区园路的方式,增强了广场与周边的联系。其次,根据村庄发展需求,在博物馆南侧分别设置了公共服务中心主副楼,承载村庄集体活动的功能,在主楼一侧设置了风雨廊,提供避雨纳凉的室外灰空间。风雨廊作为主建筑外立面的延展,起伏变化的屋顶寓意"舞龙"的灵动形象。广场原有舞台仍然被保留,强调广场的"观演性"功能,即使在没有演出的日子,整体场景也能让人不禁联想到上舍村的"舞龙"民俗(见图 3-31)。

片状集群·行政村集群

图 3-31　上舍村公共服务中心效果

（3）打造特色空间

　　人们在村庄内集聚式的交往方式决定了村庄公共空间在村庄内的重要性,规划针对三个村普遍存在的公共空间稀少、用地不集约的问题,对村庄公共空间节点进行了选点及景观提升设计,力图打造能真正服务于村民及游客的特色空间,同时为村庄公共空间的营造提供管控及指引性作用。

　　①以管城村为例,管城村居民点整体上沿村庄主要道路呈带状分布,沿路分成若干个集聚性组团,村内农房建设较为密集,公共空间匮乏,与日益增加的停车空间需求产生了较大矛盾。设计选取了位于西管城南侧一处宅前空地,打造成为集停车与活动功能于一体的公共场所。节点在边界形态上尽量与原始地形契合,并尽可能多地布置场地绿化,以提升广场的景观效果。观景走廊在形态上做了起伏的处理,与远处的山景呼应;走廊框架以钢架搭配木材而成,既保证了耐久性,色彩上亦与村庄环境相协调;地面铺装及座椅材质的选用以乡土材质为主,如青砖和碎石错缝拼接。节点经提升优化后预留了足够的空间供停车及村民活动使用(见图 3-32)。

图 3-32　西管城节点效果

　　②以三山村为例,为适应旅游业的发展,村庄北侧新增了一条规划道路,道路南侧为村庄的大片茶田,村庄主要居住片区映衬在整个农田景观视野中。规划于新增道路沿线设置了一处观景茶亭,为村民及未来游客观光提供集聚停歇的场所。观景亭在材质上主要选用竹、木、石,强调与自然的亲近。亭子采用钢与竹子作为主要材料进行建造,保证耐久性需求。结构主体采用钢结构,地面采用竹木地板,外立面装饰构件及座椅均以竹子作为原材料。观景亭形式上采用坡折屋顶的形式,在曲折变化的坡顶上覆青瓦,屋面与村庄背景的"三山"遥相呼应(见图3-33)。

图 3-33　三山村茶田观景亭设计效果

第 4 章

精品化乡村特色营造实践篇

在乡村建设推进过程中,浙江较多地采用"以点带面"的振兴模式,即每个县区每年重点规划建设 2～3 个村庄,通过单个村庄精品化示范的效应,带动区域乡村发展。乡村个体差异较大,特色类型多样,在规划与建设过程中需要把握其特色类型与要素特征。本章从生态环境、历史文化、产业经济三种乡村特色类型出发,探讨单个村落特色营造思路。其中,生态环境型分别选取了具有山地、平原、海岛特色的村庄。历史文化型分别选取了具有家族聚落式、历史街区式、传统古村式、重要文保式特色的村庄。产业经济型分别选取了具有农业、休闲旅游、文创特色的村庄。

➤ 生态环境特色营造

➤ 历史文化特色营造

➤ 产业经济特色营造

4.1　生态环境特色营造

4.1.1　山地型特色村

◎ 东阳市佐村镇岱溪村

1. 基本情况

(1)村庄概况

岱溪村隶属佐村镇厦城行政村。佐村镇是东阳市典型的山区镇,矿产资源丰富,水绿山青,是国家级生态乡镇,也是东阳市东北部的生态屏障。该镇与巍山镇、东阳江镇、三单乡等相邻。它距东阳市区约 38 公里,距佐村镇镇区约 11 公里(见图 4-1)。村落位于九井背风景区内,是名副其实的景中村。周边旅游资源丰富,景点星罗棋布。

图 4-1　岱溪村区位图及鸟瞰图

资料来源:浙江省标准地图(http://zhejiang.tianditu.gov.cn/standard),审图号:浙 S(2020)17 号。

截至 2018 年 6 月底,岱溪村户籍人口约 460 人,人均年收入 7800 元,年游客量 5 千人。主要经济来源为外出务工。该村属于典型的山地形村落,村域面积 66.67 公顷,村庄占地面积约 4.5 公顷。农田主要集中于村庄西侧,以及沿梓溪呈带状分布。

(2)历史文化

岱溪村历史悠久,自宋朝建村以来,至今已有近 700 年历史。曾有诸多历史遗存,老村区至今保留 60 多处明清及民国时期老房子,传统风貌和老街肌理仍旧依稀可见。村内遗存有古桥、祠堂、庙宇、古树等较多历史环境要素及历史建筑。

2. 特色概述

岱溪村拥有独特的自然环境条件,是典型的山区村落(见图 4-2)。

图 4-2　岱溪村环境分析

岱溪村特色概括如下：

（1）山环水绕，高绿覆盖的生态特色

村庄四面环山抱水，云山叠峦呈花屏之状，茂树秀竹，鸟语花香；一湾绿水犹似玉带重叠，河水清澈，鱼翔浅底。岱溪的山水形成"负阴抱阳、藏风聚气"的风水格局。村落北靠主山屏障，南临弯曲的水流，是为背山面水、负阴抱阳；前有作为对景的案山，左右各有山体，左辅右弼，形成藏风聚气之处。

岱溪村是典型的山区村落，森林覆盖率达到 92%。常年宽阔的水面和环绕的群山造就了该地的微型气候，夏季格外凉爽宜人，是夏日避暑胜地。常年川流不息的梓溪溪水和郁郁葱葱的生态植被，具有极强的空气净化能力，使得该地空气清新宜人。山上的生态植被主要为竹林。部分园林用地主要种植香榧、茶叶、青枣等作物。

（2）形如布袋，村田相嵌的建村特色

村落背山面水而建，溪水绕村一周，村庄用地边界圆滑，上口收紧，中间较宽，形状独特，犹如布袋之状。溪水环绕的土地中间，绿色的农田与房屋相嵌，交相辉映，另有零星菜地点缀在村庄内部，形成村田交融的景象。

（3）生态农业，旅游开发的产业特色

岱溪村以绿色农业、生态旅游为主要产业。现有多个生态农业基地，为企业定点提供蔬菜。旅游产业发展初具规模，户外嬉水、垂钓和烧烤吸引大量游客，并且水上乐园的建设已经进入谋划，具有进一步发展农业、旅游业的资源潜力。特别是坐拥著名景点九井背风景区，景区内有山险、奇石、瀑布、幽潭等，是众多游客的避暑之地。

3. 规划策略

（1）凸显山环水绕生态特色，构建合理空间结构

依山就势规划村庄功能空间，突出环绕村庄的"溪—田"生态带，关注旅游和居住空间布

局,通过"现状功能布局—土地利用规划布局—村民建设意愿"依次推演,形成合理的功能空间布局(见图 4-3)。

　　规划形成"一心、一带、双片"的空间结构(见图 4-4)。一心指旅游服务核心,该核心集旅游服务、咨询、停车等综合服务功能于一体;一带指"溪—田"生态带,即环绕村庄的农田和梓溪形成的生态带,生态带与周边山林构成岱溪村最重要的生态基底;双片指南部村居生活片和北部旅游发展片。

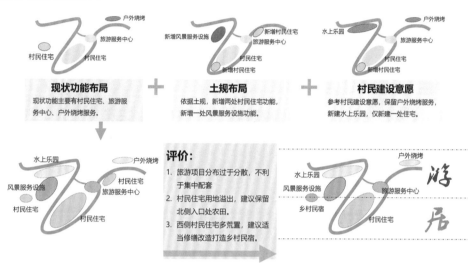

图 4-3　岱溪村功能布局推演分析

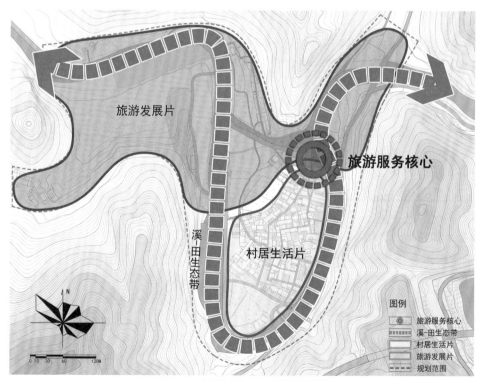

图 4-4　岱溪村村庄空间结构规划

(2)明确发展方向,借力自然资源优势建设以"农业＋生态旅游"为主导产业的景中村

以第一产业为发展基础,以第三产业为发展高点,大力发展现代化休闲农业与旅游服务业。形成"两翼生态、中部旅游"的产业整体布局结构,打造乡村休闲游览服务区、水库休闲游览服务区、高山蔬菜种植区、生态经济林兼山林游览区、两翼生态经济林区六大片区(见图4-5),全力建设以"农业＋生态旅游"为主导产业的景中村。

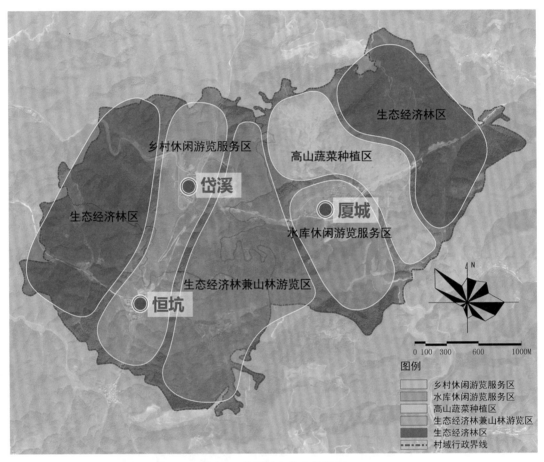

图 4-5　岱溪村产业布局规划

(3)营造乡村特色,建设"山耕乐园、水上岱溪"的形象特征

通过对岱溪村各个层面的优势资源分析,山水自然环境和生态农业是当地最具特色的两大主题。因此,将岱溪村的形象定位为"山耕乐园、水上岱溪"。发展定位确定为集"生态休闲、农业观光、乡村度假、水上游乐"于一体的生态旅游特色村。

在景观系统规划中,注重山林、梓溪等生态要素的导入与融合,提出景观特色界面的打造,形成"一带四景、三界面多节点"的景观体系(见图4-6)。一带即环村的溪田景观带;四景即村庄周围的山林景观、西侧的游乐景观、中部的田园景观和南侧的村居景观;三界面即入口的自然田园景观界面、村居景观界面、田村交融景观界面;多节点即自然景观节点和人文景观节点,自然景观节点有古香榧树和滨溪节点,人文景观节点有古桥、岱溪广场、文化礼堂、杜氏祠堂、青龙庙、石角庙、水上乐园、民宿酒店、乡村民宿、农田景观等。

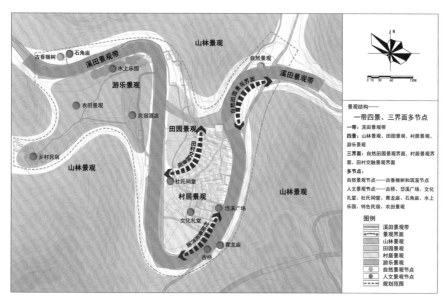

图 4-6　岱溪村景观系统规划

（4）组织游线，串联景点，打造丰富多元旅游系统

拟建设"水上游""山间游""田园游""乡村游"四大旅游线路，展现岱溪风情（见图 4-7）。其中"水上游"以水上乐园、垂钓烧烤、漂流竹排、环溪骑行等为主要特色项目，"山间游"以山道健身、露营观星、攀岩观景、竹林茶饮等为主要特色项目，"田园游"以蔬果采摘、艺术田园、农事体验、蔬果美食为主要特色项目，"乡村游"以传统文化、村庄古迹、民宿酒店、购物餐饮为主要特色项目。

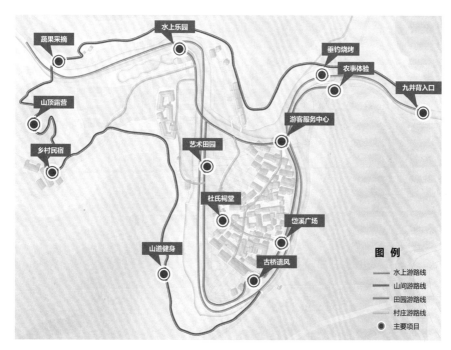

图 4-7　岱溪村旅游系统规划

生态环境特色·山地型

4.空间营造

（1）平面布局：延续布袋状特色形态，村庄肌理生态有机，村居风貌自然乡野，旅游配套完善提质

平面布局设计中延续了岱溪村"形如布袋、村田相嵌"的建村特色，新增功能板块肌理生态有机。通过对村庄功能用地的梳理、人居环境的提升，打造具有独特乡野风情的山地型村庄。依据"控制增量，更新存量"的规划原则，以提升、补充的形式进行用地规划，以实现少量建设、整体完善的目标。在用地布局中主要考虑两点：一是补充旅游配套，二是合理利用新增建设用地。针对这两点进行用地布局的调整和完善（见图4-8和图4-9）。

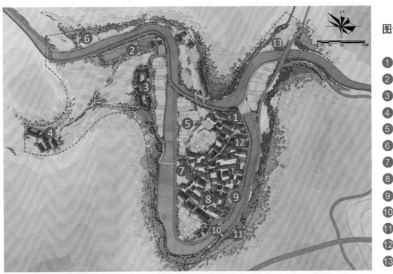

图例

① 旅游服务中心
② 水上乐园
③ 民宿酒店
④ 乡村民宿
⑤ 田园风光
⑥ 古乡槠树
⑦ 杜氏祠堂
⑧ 文化礼堂
⑨ 岱溪广场
⑩ 古桥遗风
⑪ 青龙庙
⑫ 农家乐园
⑬ 自然风光

图 4-8　岱溪村规划总体平面布局

图 4-9　岱溪村鸟瞰效果

（2）节点设计：强调与自然环境的和谐共生，融合山、水、田园风情特色

①田园景观节点设计：风情田园、悠然村居

田园是岱溪村"美丽界面"的重要载体，规划在不同区块内种植多元的乡土经济作物，形成丰富、有层次的田园风情景观。同步改造周边不协调农房风貌，对墙面进行统一粉刷，并补植绿色植物点缀远景。通过多种设计手段，处理好"田"与"村"的关系，展现岱溪悠然闲适的村庄生活（见图 4-10 和图 4-11）。

图 4-10　岱溪村田园景观节点设计

图 4-11　岱溪村向日葵花田效果

生态环境特色·山地型

②梓溪生态带整治提升

设计以"河面净化、驳岸柔化、步道绿化"为河道生态带整治思路,进一步保护梓溪水质洁净,并对两侧生硬的驳岸、缺乏特色的步道进行提升设计。具体策略为:通过巩固梓溪长期整治成效,进一步提升水质,适当种植净水植物,美化水体环境;改造河道两侧生硬的驳岸,适当补植爬藤类植物进行柔化,选取乡土花草点缀;结合梓溪两侧步道,进行绿化设计,适当补植有色树种,丰富景观层次,总体形成特色滨水绿化带(见图4-12)。

图4-12 梓溪风貌效果

③旅游配套区设计

根据村庄旅游发展需求,于村庄入口处设计旅游配套区。总占地约1.2公顷,旅游配套区北部临溪侧为水上乐园及滨水烧烤区,南部靠山侧为特色民宿区。水上乐园项目包含深水戏水区、浅水戏水区、服务配套区和特色民宿区(见图4-13)。

图4-13 岱溪村水上乐园效果

◉ 衢州市龙游县庙下乡浙源里村

1.基本情况

(1)区位与概况

浙源里村位于衢州市龙游县庙下乡横源片的最南端、国家一级生态保护区绿春湖北麓(见图 4-14),是浙西大竹海中心区域。距县城的直线距离为 25 公里,距乡政府所在地 10 公里。周边 10 公里范围内旅游度假资源丰富,有溪口竹海风情小镇、沐尘畲族文化展示区、绿春湖高山运动小镇等。截至 2017 年 5 月底,浙源里村人口约 750 人。与大多山村类似,村民大多外出务工,面临人口老龄化挑战,收入水平有待提升。

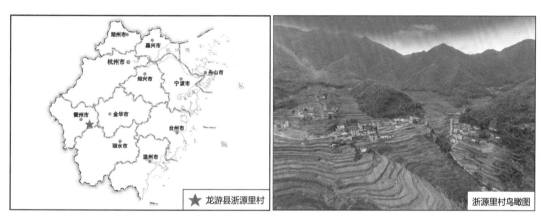

图 4-14　浙源里村区位图及鸟瞰图

资料来源:浙江省标准地图(http://zhejiang.tianditu.gov.cn/standard),审图号:浙 S(2020)17 号。

(2)资源环境

浙源里村位于绿春湖北麓,三山山坳之间。最低处海拔 376 米,最高处海拔 1390 米,海拔差达 1000 米以上。村庄主要分布于 400～600 米海拔范围内(见图 4-15),整体呈葫芦形格局,沿山路逐渐深入。沿路溪水潺潺,梯田景观与绿春湖远景,给人以豁然开朗之感。

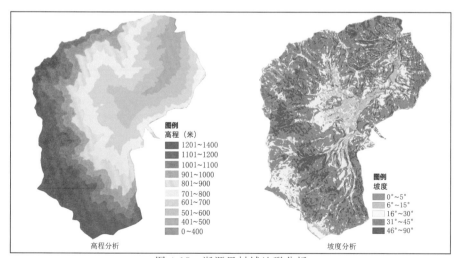

图 4-15　浙源里村域地形分析

生态环境特色·山地型

（3）现状问题

①公共空间不靓

村庄经过美丽庭院建设改造后,农居庭院面貌得到初步提升。但村内整体仍缺乏可供活动的公共空间,而村庄内部有多处零碎的空地、闲置荒地可改造为公共活动节点。村内最重要的梯田景观风貌未得到充分的挖掘与营造。

②旅游时限性强

村庄对旅游资源发掘不够,项目较为单一,目前仅3、4月的杜鹃花海可吸引游客。作为游客通向绿春湖景区的重要站点,浙源里村缺乏有吸引力的项目留住过往游客。游客数量不稳定限制了村庄旅游产业的发展。

2.特色概述

（1）环溪谷居、高绿覆盖

浙源里村作为典型的衢州地区山地村落,在形态特征上符合"顺地势、路蜿蜒、水穿村、屋错落"的特征。村庄坐落于山坳之间,充分利用了山体间较为平整的地块。并且经过多年的建设,形成了村内独特的梯田景观和依山就势的村庄格局（见图4-16）。

溪流　　　　　　　　　　梯田　　　　　　　　　　古树

图4-16　浙源里村生态特色展示

（2）梯田景观,生态农产

浙源里村山林资源丰富,面积达4900余亩。但限于地形限制,农用地面积不大,仅有402亩耕地。近年来浙源里村以发展高附加值的农产品为主要发展方向,随着大力发展高山茶叶标准化种植,茶叶已经初步形成品牌效应。

3.规划策略

（1）打造全时旅游目的地

以承接绿春湖旅游带动效应为机遇,规划发展浙源里村生态资源优势。确定浙源里村的总体定位为:绿春湖休旅驿站,龙南生态休闲福地（见图4-17）。

生态环境特色·山地型

图 4-17　浙源里村整体鸟瞰图

　　规划以"1＋3＋X"的产业发展策略,形成"特色为品牌,三产为引擎,三产带一产"的发展模式。挖掘四季旅游资源,策划旅游平台活动,持续培育非农产业经济。整合村域零散旅游服务资源和生态农业,以浙源里品牌统一筹划推广,形成"浙源里"IP形象。

　　以"全时性旅游目的地,龙游示范性景区村"为目标导向,构建"四时主题,十一平台,三大支撑"产业战略体系(见图 4-18)。其中,"四时主题"建设是发展景区村旅游产业的核心策略,包含建设烂漫山花、凭栏听风、秋收农乐、围炉问雪四大主题。"十一平台"是"四时主题"的空间载体和内涵表现。三大支撑则是运营"四时主题＋十一平台"有力保障,包括硬件支撑、服务提升与品牌建设。

四时主题，十一平台，三大支撑

目标导向	全时性旅游目的地	龙游示范性景区村	绿春湖景区重要节点
功能引导	品质山货产地	村居度假胜地	户外休旅领地

四时主题	烂漫山花	凭栏听风	秋收农乐	围炉问雪
十一平台	杜鹃花海游览平台 高山茶采制平台	山溪戏水平台 书画写生平台	米酒酿造体验平台 梯田游览平台	高山滑雪运动平台 二胡传习平台
	山货农产品销售平台	餐饮客栈平台		植物博览平台

三大支撑	硬件支撑	服务提升	品牌建设

图 4-18　浙源里村产业发展策略体系

（2）维护国土生态安全格局

本次规划积极衔接土地利用规划，保留国土生态空间与村庄关键景观要素的原真性，包括连续完整的山水格局、梯田景观、河流水系，尊重村庄原有的选址风水格局。严格限制破坏村庄主要景观界面、生态生产空间的建设活动。

（3）打造浙源里品牌形象

规划针对村庄标志（logo）做了设计（见图4-19）。标志整体形态取自浙源里的特产——茶叶的叶片形状，灵巧生动。标志主体线条模仿了叶片经脉的形态，分为一道道清晰的梯田，颜色的渐变寓意着海拔高度的变化，其基本骨架反映了村庄道路的典型形态，道路如枝干状展开，与梯田线条相交融。在标志的细节设计上，上方勾勒的房子轮廓象征山上的农居建筑，云雾符号寓意着高海拔的环境烟雾缭绕。

图4-19 浙源里村 logo 设计　　　　图4-20 浙源里村乡土景观网络布局

（4）营建乡土遗产景观网络

规划针对村庄乡土景观特色，提炼出"山、水、村、田、情"五大设计特色主题，充分考虑村庄地形地势，结合水系梯田布置滨水观景点和游步道。并充分利用村庄中部的梯田景观，将农业生产和休闲休憩结合在一起，设置田间栈道、观景亭、休憩平台等景观元素，营造极具山地风情的特色景观。在村庄主要游览环线中布置以"迎、憩、居、赏、展、登"为主题的景观节点（见图4-20），包括村口景观亭、村中心小广场、登山主题公园、绿春湖登山口等。将村庄环线上的六大节点串联成线，打造乡土遗产景观网络，包括兼顾文化展示的登山主题广场节点和利用丰富的场地高差关系打造的庭院景观节点，形成连续、完整的景观网络。

4. 空间营造

（1）喜迎来客——村口景观亭设计

村口观景亭选址在浙源里村村口集散广场，在游客接待中心与公厕之间，濒临溪流。观景亭的设置可为到访游客提供一个临时停留休息、欣赏溪景的空间，使游客对浙源里村美好山水自然环境有一个初步的认识。

景观亭整体以传统木结构形式作为基本构架，风格与场地内两侧现状的仿古建筑相呼应。观景亭前地面以老石板与青砖铺装为主，与广场地面铺装形成区分，强调自身活动空间。亭内设供游客村民休憩观景的美人靠座椅，面向溪景视线通透。又因地形允许，在亭子南侧设置了亲水观景平台，丰富空间的趣味性，增强了游客的观景感受。景观亭与公厕之间以砖砌镂空矮墙相隔，在不完全遮蔽视线的同时形成一定的视觉隔离（见图4-21）。

图 4-21　浙源里村口景观亭效果　　　　图 4-22　浙源里村中心小广场效果

（2）集散停留——村中心小广场设计

村中心小广场位于村委会南侧，现状面貌较为普通，未经打理。设计意在通过硬地铺装的做法，增强广场空间的完整性。同时梳理广场周边景观，形成一个可供村民及游客集散停留并具备停车功能的公共广场空间。

对广场周边建筑进行适当的立面改造设计，使整体更为融洽协调。在入口处临墙一侧设置了一面景墙，丰富入口景观。景墙原料以就地取材为原则，主要由竹节及山石构成。入口则由一个木门头形式加以强化，乡土气息浓厚。广场空间以竹围栏进行围合，广场入口西侧溪水边设置了一个简易的木构亭廊，提供休憩空间。通过石块及假山的围合形成一个精致的水体景观（见图 4-22）。

（3）悠然村居——庭院景观提升设计

庭院景观提升的案例选址在浙源里的项村自然村一处富含高差关系的场地，场地内农房为两栋夯土结构民居，具有较强的可塑性。通过对场地的梳理，以台阶及坡道串联起了原本各自分离的庭院，形成了一处极具山地民居代表性的院落空间。

还对庭院现状建筑进行立面改造，以红砖对现状农房山墙面进行立面修复与改造，其余墙面还原为夯土色，两种材质相辅相成；庭院地面以石板错缝与石条镶嵌式的铺装方式进行强化，增强院落的乡土特质（见图 4-23）。

图 4-23　浙源里村庭院景观提升效果

（4）文化展示——登山主题小广场设计

登山主题广场位于下堰自然村与张家自然村之间的四路相汇处。现状为一块空地,地块背景为南侧驳坎墙。考虑到周边公共空间缺乏,以及未来民宿旅游发展的需求,在该地块设置一处文化展示广场,作为登山主题文化及村庄特色的展示空间,加强地域文化属性。

借由现有驳坎墙作为广场展示背景,适当设置高低差,于墙上设置文化展示导引牌。驳坎墙底部设置绿化带,以混凝土材料砌成连绵的山形,局部增加山形片石,增强整体层次与文化属性。场地中央以片石的高低起伏模仿山体的起伏变化,形成一个与登山主题相呼应的构筑物,突显登山文化(见图4-24)。

（5）攀登起点——绿春湖登山口设计

浙源里绿春湖登山口位于张家自然村最北侧,登山口现状景观较为凌乱,而绿春湖作为村庄重要的旅游资源,打造其攀登起点空间显得尤为迫切及重要。在登山起点道路上设置了廊形登山口构筑物,烘托登山体验之初的仪式感,同时可作为游客下山的休息空间。

登山入口两侧以竹制围栏进行围边,桥面以石板铺装加以强化;构筑物以钢结构作为基本结构支撑,外覆竹片作为表皮装饰,成本低廉,且具有良好的环境亲和性。整体形态高低起伏,呼应背景山体。廊内设置竹制座椅,提供遮风挡雨的休息空间,廊内的镂空窗洞又能提供良好的观景视角(见图4-25)。

图4-24 浙源里村登山主题小广场效果　　图4-25 浙源里村绿春湖登山口效果

4.1.2 平原型特色村

◎ 舟山市定海区小沙街道光华社区[①]

1.基本情况

（1）村庄概况

光华社区于2005年由红光村和华厅村联建,位于舟山本岛西北部小沙街道的东南侧,距离定海主城区仅10公里,紧邻小沙街道中心区,北部与街道中心区相交叠,东南侧与东海大峡谷生态旅游区重叠。社区通过双小线、本岛环岛路与定海城区、舟山市区等进行联系,对外交通较为便利(见图4-26)。

---

① 该项目获浙江省优秀城乡规划二等奖。

图 4-26　光华社区区位图及鸟瞰图

资料来源:浙江省标准地图(http://zhejiang.tianditu.gov.cn/standard),审图号:浙 S(2020)17 号。

社区发展至今,遗留市级文保单位一处,区级文保单位一处,它们分别是建于明洪武二十年为纪念王国祚徒步金陵保翁洲的复翁堂和建于清道光二十四年的甩龙桥。截至 2016 年底,光华社区约有户籍人口 2600 人,村民主要经济来源为传统农业和外出务工,约有 40%～50%的村民就地务工,务工企业主要为小沙街道金鹰集团。社区内有两个股份经济合作社和两个经济专业合作社,其中股份经济合作社为华厅股份经济合作社和红光股份经济合作社,经济专业合作社为生产茶叶的舟山定海云顶茶叶合作社和种植苗木的东鑫苗木合作社。社区产业目前以第一产业为主,多为水稻、果树和茶树种植。

(2)生态环境

该社区三面低山蜿蜒,山林资源优良,适宜种植果树,现有橘子树、文旦、杨梅、桃子等多种植物。社区主要建成区内为平原地带,风景秀丽。东南部有一水库,名为昌门里水库,总库容约 212 万平方米。内部水网交错,水质清澈。社区四季分明,日照充足,属亚热带北缘典型季风气候,具海洋性气候特征。

(3)现状问题

社区内在发展建设过程中存在以下三方面问题。

①产业发展定位不明确,有待转型。现状产业以传统农业为主,尚无明确的发展定位,且传统农业收益较低,产业亟待转型发展。

②资源特色有待整合,缺乏形象设计。社区自然生态资源丰富,但村庄建设现状较为无序,对优势的生态资源利用不足,未进行系统设计,整体形象较差。

③服务设施匮乏。光华社区内缺乏集中的停车场所,交通、市政等基础设施不能很好地满足村民生活需求。

2.特色概述

该社区生态环境优美,自然资源丰富(见图 4-27),文化遗存突出,可总结为"山水、田园、果林、村居相映相融;姓氏、佛禅、名人、遗址古今相传"的自然生态、农业生产和文化传承特征。

生态环境特色·平原型

村居农田交融风光

村庄东南侧水库

水田种植风光

田园果树种植风光

图 4-27　光华社区生态环境资源

（1）自然生态特征：山水相映、村田交融

光华社区具有丰富的生态资源禀赋，东南西三面山丘环绕，山林植被茂盛，风景优美。社区西南昌门里水库水域宽阔、水质优良，村内水系自水库穿村而过、清澈见底。呈现出青山、水库、河流交相辉映的壮阔景观，更有田园环村、溪流淌过的乡村风光。同时社区生态环境保护较好，未遭到破坏和污染。蓝天碧水、空气清新等丰富的自然景观凸显着光华社区优质的自然生态特征。

（2）农业生产特征：农田垄垄、果田苍苍

社区拥有较为广阔的农田和果园，分散于居民点的周边，目前仍保持着优良的农业生产种植，田间作物长势较好。主要的农产品有水稻、雾源茶、伊予柑等。同时，村内溪流水渠流经村居农田，灌溉条件良好，十分有利于农业的生产。

（3）文化传承价值：姓氏遗迹、佛禅街巷

社区拥有着丰富而独特的历史人文传承，留有市级文保单位复翁堂和区级文保单位甩龙桥。社区内还有古时兴盛的吉祥寺遗址、现今香火不断的吉祥寺和石佛庵、傅家老宅等优厚的文化传承。这些都赋予了光华社区一定的文化价值。此外，有别于普通的村庄，光华社区与小沙街道中心区交叠，社区发展呈现以下两大特征。

①城镇与乡村两种发展模式并行。光华社区接壤小沙街道中心区，受城镇发展和乡村发展两种模式影响。其北部区块在城镇发展模式引导下进行集中型镇区模式建设，南部区块为传统乡村。

②产业依托金鹰集团发展，亟须二次转型。社区的第二产业依托金鹰集团。社区50%左右的村民在金鹰集团就业。目前，小沙街道整体产业因金鹰集团部分搬迁面临转型升级

挑战,村民们的就业需求无法得到满足,社区整体产业发展亟须第二次转型升级。

3.规划策略

(1)优势资源综合利用,明确社区定位目标

我们规划利用村庄"山水、田园、果林、村庄相映相融;姓氏、佛禅、名人、遗址古今相传"的生态产业文化三重资源,以"凝聚小沙文化遗珠、塑造光华生态美境"为思路,定位光华社区为"以人文小沙和生态光华为特色的休闲旅游村庄及美丽宜居示范村",打造舟山传统农村体验和佛禅文化体验的休闲圣地,力争区域重要的乡村旅游综合体。

(2)着重生态文旅发展,促进三生空间融合

考虑到社区北部区块隶属于小沙街道中心区,结合其生态本底特色,本次规划采用城镇发展与乡村发展两种模式齐驱并进的思路,对光华社区的空间结构、生态文旅、用地布局等方面进行规划。

①在空间结构规划层面,规划全域形成"一轴一带、两心五片"的整体结构(见图 4-28)。其中,一轴指连接小沙街道中心区和东海大峡谷度假区的村庄综合发展轴;一带指沿主要道路的村庄综合旅游带;两心指公共服务中心和旅游服务核心;五片指禅茶文化体验片、现代城镇生活片、传统村居生活片、生态山林涵养片、无垠水库观光片。

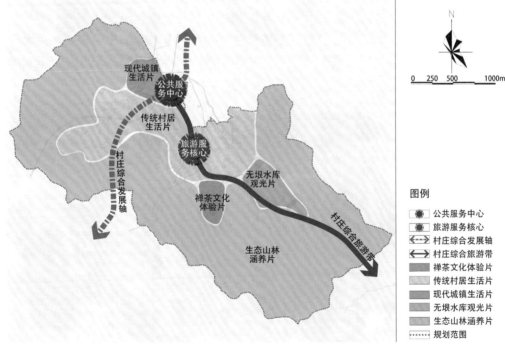

图 4-28　光华社区全域空间结构规划

②在生态文旅发展层面,定位光华社区为"山水间的文化圣地、景区中的生态乡村"。规划八大生态文旅园区,分别为小沙文化综合园、茶禅文化体验园、桃李采摘园、五彩花卉观光园、村居生活体验园、农事耕作体验园、水库观光园和富氧山林休闲园,并谋划乡村生活、田园风光、富氧山林三条主题游线,串联各大旅游园区,激活社区生态文旅产业发展(见图 4-29)。

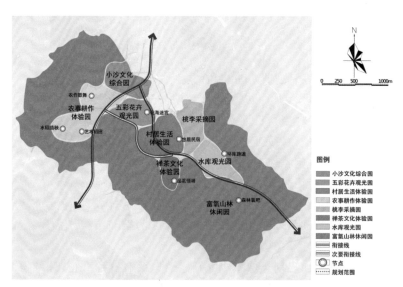

图 4-29 光华社区全域旅游空间布局规划

③三生空间是指从"生态、生产、生活"三个方面对光华社区进行规划,其中,a. 生态空间意在"延美境",在保护村庄自然环境、续接青绿山水村的基础上,塑造缤纷果园;b. 生产空间意在"启新产",即立足特色资源,以休闲旅游为支撑,以文化为特色,大力发展现代乡村旅游业;c. 生活空间意在"启活力",即延续村庄脉络格局和传统生活方式,引导村域西侧用地向北部搬迁安置,向小沙街道中心区集聚,完善现代生活配套设施,提升村庄生活活力(见图 4-30)。

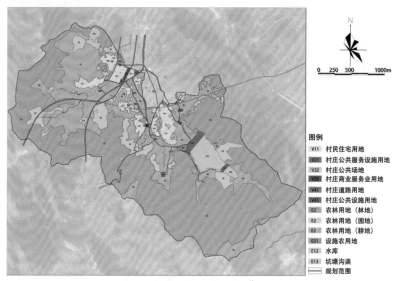

图 4-30 光华社区全域用地规划

(3)引导村居重新布局,靓化村庄生态环境

衔接小沙街道土地利用总体规划,综合考虑小沙街道中心区控制性详细规划,以及现状村居点规模、质量,对光华社区村居点的发展做出引导。考虑对田园生态环境的高效利用,我们建议搬迁西南侧水库下不安全的、较为偏远的村居点,安置至小沙街道集聚区(见图 4-31)。

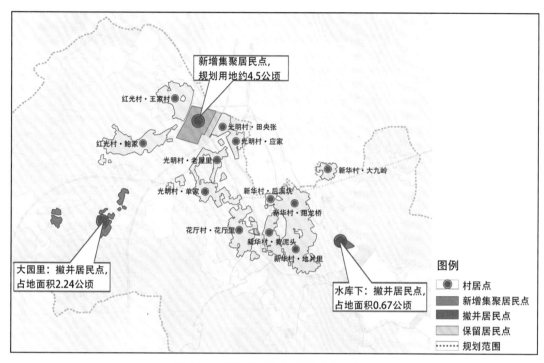

图 4-31　光华社区全域居民点布局规划

光华社区自然环境优越,我们通过水系整治、绿地系统构筑等措施,持续优化村庄生态环境。其中,水系整治通过清淤整治、走向微调整、驳岸设计等措施,打造"水环境达标、水生态修复及水景观宜人"的愿景,实现"清水、绿水、美水"的建设目标。绿地系统构筑包括道路绿化、河道绿化、墙角及庭院绿化、特色种植区和山体绿化、水体绿化等。

4. 空间营造

在空间营造层面,谋划"一带一廊、一心多点"的空间景观体系(见图 4-32),其中,一带为沿村庄中部南北向溪流的生态景观带,承担田间漫步、橘林采摘、溪边嬉戏等娱乐活动;一廊为沿村庄主要道路的生态景观廊道;一心为村庄中部归园田居景观节点的田园观光绿心;多点为村庄内部组团中的多个景观节点,并提出"梳理街巷肌理,凸显传统脉络;利用溪水田地,塑造风情农田;整合节点空间,营造丰富景点"三大空间的设计策略,重点设计归园田居、甩龙记忆、村庄入口、亭纳祥和、浣衣溪韵、故里深巷、竹径通幽七个节点。

(1)归园田居:风情田园、悠然村居

该节点位于村庄中部,现状为一条溪流穿过大片田地。通过规整分割田地,种植不同的乡土作物,形成独具风格的田园风情。在田园中设计枝状的、可通向村庄的木栈道,并结合木栈道设计休憩平台,整体与周边农房相协调,展现悠然闲适的村庄生活。在节点北部入口处设计亲水广场和休憩亭,供村民与游客观景、摄影、闲聊、休憩等(见图 4-33)。

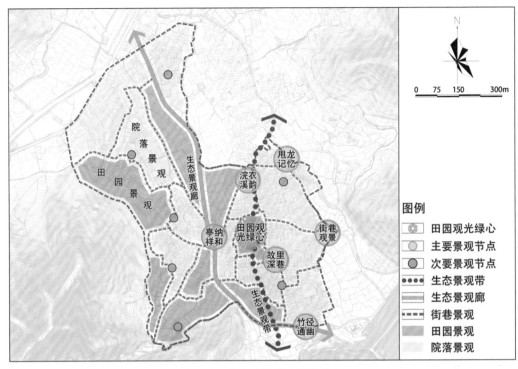

生态环境特色·平原型

图 4-32　光华社区景观系统规划

图 4-33　光华社区归园田居节点效果

（2）甩龙记忆：寻根溯源、古韵新意

该节点结合甩龙桥、溪水和屋边空地统一设计。去除甩龙桥桥身的水泥材质，还原其本身的石材质感，凸显古韵古色。东侧空地改水泥铺地为石板铺装，美化周边绿地，作为短暂集聚点。河流东侧补植乔木灌木等，绿化滨水空间，河流西侧设计亲水平台，增加村庄亲水性。村庄屋前空地设计为村庄的活动场地，中部设计花坛和景墙，丰富景观（见图 4-34）。

图 4-34　光华社区甩龙记忆节点效果

（3）村庄入口：传统形象、现代手法

村庄入口节点位于小契线与双小线的交叉处，本着"本土性、地域性与设计感"的原则进行节点设计。村口标牌采用传统村落的意象进行设计。粉墙黛瓦的光华社区传统民居形象和木框架民居形象互相掩映错落，具有本土建筑特色，并通过材质和虚实变化的现代设计手法，达到整体和谐统一（见图 4-35）。

图 4-35　光华社区入口节点效果

（4）亭纳祥和：祥和送福、喜迎宾客

该节点现位于篮球场处。依托村民捐赠所建的祥和亭进行改造。改建篮球场，以板石铺装替换原来的水泥地面，并在场地中布置树池、花坛等，以丰富场地景观；在广场南侧布置景墙，用以记叙光华社区的发展历程和悠久历史，给游客以直观感受；并结合现有祥和亭，设计休憩长廊，为村民和游客提供闲聊休憩的场所；在场地北侧滨水处设计木栈道和休憩亭，为村民提供观景场所（见图4-36）。

图 4-36　光华社区亭纳祥和节点效果

（5）浣衣溪韵：溪滨浣衣、闲话家常

该节点位于村庄北侧。节点设计延续此处的功能，重塑充满生活气息的村庄场景。节点入口通过石步道通往浣衣点，中途设计亲水阶梯，与对岸休憩平台隔溪相望。溪边以石块围边，塑造乡野田园。溪水处布置下行台阶，在底部设置浣衣场所，延续功能。平台处设计休息廊亭，以聊家常、话乡情。在田间设计石质步道，通往浣衣处，并在中间增加休憩平台，提供闲话休息场所（见图4-37）。

图 4-37　光华社区浣衣溪韵节点效果

图 4-38　光华社区故里深巷节点效果

（6）故里深巷：光阴流转、落叶归根

该节点位于六德堂前方。设计以渲染光阴轮回为主题，追求落叶归根的意象。在广场中设置三个大小不同的树池以及多个圆形铺装来表达光阴流转、落叶归根的主题思想。同时沿广场两侧设计木质座椅，为村民及游客提供休憩座椅以话乡情、诉乡情。在街巷交汇处进行补植，营造悠远、静谧的环境（见图 4-38）。

◉ 衢州市江山市双塔街道大夫第村

1. 基本情况

（1）村庄概况

大夫第村隶属于浙江省衢州市江山市双塔街道，浙赣铁路东南边，浙江省徽州第二中等专业学校（原江山中等专业学校）的西北边（见图 4-39）。其拥有良好的区位条件，是江山的北部门户，距离江山市中心区 3 公里，是典型的城郊区。截至 2020 年 12 月底，村内居民常住人口为 2049 人，村民主要经济来源为粮食、蔬菜、水果种植以及外出务工。

图 4-39　大夫第村区位图及鸟瞰图

资料来源：浙江省标准地图（http://zhejiang.tianditu.gov.cn/standard），审图号：浙 S(2020)17 号。

村庄拥有优质的自然生态格局、丰富的田园资源。其西北面环山，南面近水，东面田园广袤，江山港沿村庄南侧川流而过，村内溪流交汇、水库水塘众多。但村内溪沟风貌有待提升，部分河道溪流存在淤塞、断头、缺水等情况。

村落农业基础良好。村内有粮田 2000 余亩，山场 2000 余亩。农作物丰富，主产大米、油菜花、大豆。鸡蛋产业红火，闻名遐迩。须江的水孕育优质的水产品，可称得上为鱼米之乡。

村集体收入每年仅 6.2 万元，其中浙江大夫第现代农业有限公司上缴土地租金 1.6 万元，其他个体户如养猪场、养鸽场、橘林承包户等共计上缴 4.6 万元。企业年利润高达 1800

万元,而村集体租金收入仅为 6.2 万元。村集体与优质企业、个体经营户之间尚未形成联动,仅依靠租金收益低下,呈现企强村弱的现状。

(2)历史文化

大夫第村历史文化底蕴深厚,传承百年,孕育出了以士大夫文化和荣军文化为代表的特色文化表征。大夫第村建村至今已有 600 多年历史。据族谱记载,该村是范仲淹旁支后裔的聚居地,曾出现过两位宰相、一位大夫,是士大夫文化的传承地。民国后,该村涌现了一批又一批的政治、军事人才,有中国人民解放军少将范匡夫、广西玉林军分区副司令员范江文等,是荣军文化的发扬地。此外村南侧有两座地标性古塔:凝秀塔和白祐塔,系县市级文保单位,始建于明代隆庆年间,重建于清道光年间。双塔隔江相望,是旧时江山港水运航标,而如今成为城市重要的地标。

2.特色概述

(1)良好的区位条件优势:江山北部门户,公路、铁路、水运三式联运便捷区

大夫第村拥有良好的区位条件优势。从宏观层面分析,大夫第村所在区域是四省通衢、浙西要地,同时也是衢州市诗画风光带江山段第一站,浙江省唐诗之路的起点。从中观层面分析,江山为浙西门户,大夫第为江山城郊北部门户。距离江山火车站、高速出口皆为 3.5 公里,10 分钟车程可达公路、铁路等重要交通枢纽,是三式联运的便捷区域。

(2)优质的自然生态格局:背山面水,滩涂连片;百里须江,溪流交汇

村庄西北面环山,南面近水,东面田园广袤,形成"水—田—村—山"的自然生态格局。江山港沿村庄南侧川流而过,村内溪流交汇、水库水塘众多。

(3)代表性的历史文化资源:以士大夫文化和荣军文化为代表,历史悠久百年传承

大夫第村拥有深厚的文化底蕴,其中士大夫文化和荣军文化是其传承之代表。这里曾出过两位宰相、一位大夫,是士大夫文化的弘扬之所。现今这里又出现了一位将军、一位大校,是荣军文化的发扬之地。真可谓人杰地灵、人才辈出。

(4)丰富的耕地田园资源:耕地资源丰富,土地利用效能具有较大提升空间

大夫第村有 2000 亩耕地,其中 50% 高效利用,包括 700 亩种粮大户承包的耕地、300 亩左右散户种植地,亩均产值能达到 3000 元。其余 50% 的耕地未规模化种植,效益较低。园地近 800 亩,仅 19% 得到充分利用,剩余 81% 的园地目前为树木自然生长状态。自然保护与保留用地规模共 574 亩,其中百亩滩涂景观开发价值高。其他闲置可利用建设用地有11 亩。

3.规划策略

紧抓大夫第村特色资源禀赋和良好的发展基础,以目标为导向,提出切实可行的规划策略(见图 4-40)。

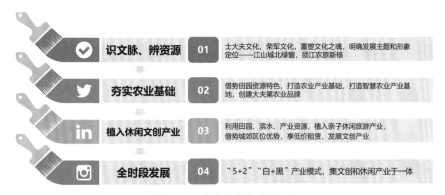

图 4-40　大夫第村规划策略

（1）识文脉，辨资源，明确发展主题和形象定位

识别士大夫文化、荣军文化，挖掘田园资源、滨水资源，规划打造成为以军旅文化为特色，集文化展示、田园休闲、滨水乐园、素质拓展于一体，兼具城市功能与乡村风貌的高品质城郊融合区。因此，确定其总体定位为江山北部门户、浙西农旅休闲示范地、高品质城郊融合区；形象定位为江山城北绿窗、须江农旅新核。

（2）借势田园资源特色，打造农业产业基础

首先，扩大田园资源优势，打造一条提升田园价值的农业产业链，构建一个突出田园品质的农业融合圈，形成"一链一圈一品牌"的共享田园农业产业体系。其次，创建一片"产学研"一体化的智慧农业试验田。前端加强农业科技，中端做强高端农业种植，后端扩大涉农供应链，打造智慧农业产业链。最后，以当地特色农牧产品为基础，发展规模化现代种植和现代化养殖。规模化现代种植以彩色水稻、彩色油菜、荷花等现有农作物为基础，加强优良品种繁育、品种研发技术突破，形成以规模化为特色的农业产业链发展示范区。规模化现代养殖以现有蛋鸡养殖场、生猪养殖场、鱼塘为基础，采用现代化饲养技术、生态化养殖方式，提质提量，形成大夫第高品质畜牧业品牌。

（3）依托区位特色，发展旅游休闲产业，植入文创产业

依托门户、交通等优势，大力发展旅游休闲产业，并植入文化创意产业，形成以现代农业为基础、以"崇文尚武、田园休闲、滨水乐园"为主题，组织建设 7 大功能片区、30 项目，完成"1＋3＋X"产业体系筹建。

4. 空间营造

（1）空间管控：基于国土空间规划体系下的空间划分与管控

空间管控主要包含生态空间、农业空间和建设空间。其中，生态空间管控内容涵盖湿地、陆地水域、其他自然保留地、林地四类（见图 4-41）。大夫第村用地不涉及生态红线范围，生态空间管控措施按照一般生态空间保护要求进行管控，不得进行破坏生态景观、污染环境的各类开发建设活动，应做到慎砍树、禁挖山、不填湖。

建设空间管控主要涉及落实上位规划、核对限制性要素、落实发展需求用地、落实居民点新增建设用地等内容。规划在落实《江山市域乡村建设规划（2018－2035）》的基础上，结合相关要求和实际问题，进行合理调整。落位综合旅游服务驿站、水上乐园、农房新建、素质

拓展基地等项目所需新增或调整用地(见图 4-42)。

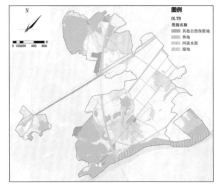 

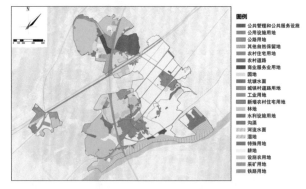

图 4-41　大夫第村生态空间管控图　　　　图 4-42　大夫第村国土空间规划

(2)村庄总体设计:突出田园特色,提升大地景观;突出文化特色,打造古韵核心区和主街景观带

村庄设计以"延续古韵,焕发活力;自然生态,心灵皈依;别致趣味,引人入胜"为总体设计目标,充分考虑村庄未来产业方向,对核心区内建筑功能布局与业态进行详细规划,并对整体环境、公共场所与景观细节进行详细设计。重塑优质田园景观、山林景观、荷花塘景观;打造共享田园、道路景观带、美丽农居(见图 4-43)。

图 4-43　大夫第村核心区总平面图

①田园野奢，生态自然，提升大地景观

以生态性、观赏性、亲和性、精神性为指导原则，梳理田园肌理，美化田间作物、植物，形成优美的田园大地景观。保留生态山体，增设环线游步道及山顶景观亭，可远眺双塔，俯瞰田园。并且以现有池塘为基底，增设池间游步道、观景平台，营造悠远宁静的意境（见图4-44）。

图 4-44　大夫第村田园景观提升效果

②别致趣味，活力新生，改造主街景观带

规划引入共享田园理念，将田园景观化设计，建设游步道和设施小品，供村民与游客体验。以"大统一、小丰富"的总体原则对农房立面进行整治改造。同时统一院墙，对庭院内外绿化进行引导整治。（见图4-45）。

图 4-45　大夫第村主街景观带改造效果

③延续古韵,焕发活力,重塑大夫第核心区

核心区在总体布局上尊重村庄原有肌理与格局,对违建与危房进行拆除,对杂地、空地进行梳理设计,对整体环境、公共场所与景观细节进行详细设计。汲取本土元素,对农房户型、公共建筑进行改造(见图 4-46)。

图 4-46 大夫第村核心区改造效果

(3)拾味布袋街设计:体验未来乡村十番韵味

规划充分利用老村片区既有的古建筑资源、文化资源、水系与绿地资源,打造村庄商业文创品牌街区(见图 4-47)。主要节点包含一祠,即范氏宗祠及前后广场;二园,即入口公园(见图 4-48)、士大夫公园;三坊,即麻糍工坊、老字号店铺作坊(见图 4-49);四量,即乡村酒吧、演艺平台;五福,即围席、餐饮、小吃;六谈,即文创 SOHO、大师工作室;七宅,即民宿、农家乐;八意,即未来乡村体验馆、共享田园;九卷,即书屋、名人馆、老年中心;十荣,即荣军广场、军棋公园。

图 4-47 拾味布袋街平面图

图 4-48 大夫第村入口公园效果

图 4-49 大夫第村老字号店铺效果

4.1.3 海岛型特色村

◎ 宁波市象山县石浦镇东门渔村

1.基本情况

(1)村庄概况

东门渔村位于浙江省宁波市象山县石浦镇东面的东门岛上,四面环海,与石浦镇隔港相望,由铜瓦门大桥相连,是"靠海为生、以渔为业"的传统海岛型村落(见图 4-50)。丰富的海洋渔业资源造就了发达的东门渔业和水产加工业,东门渔村被称为"浙江渔业第一村"。截至 2016 年底,全岛共有人口 5462 人,社会经济总收入 6.29 亿元,全岛有钢质渔轮 322 艘、专业渔民 1900 余人。

生态环境特色 · 海岛型

87

图 4-50　东门渔村区位图及鸟瞰图

资料来源：浙江省标准地图(http://zhejiang.tianditu.gov.cn/standard)，审图号：浙 S(2020)17 号。

　　东门渔村山海兼备，风光旖旎，海防历史悠久。早在明代时，从舟山移至东门岛建的昌国卫，与宁波卫、定海卫、观海卫一齐并称为中国四大卫。岛上古迹、古貌、人文景观众多，海洋文化历史遗存丰富，渔家风情浓厚，是一个"活态"的渔文化博物馆，以"渔家乐"为主题的旅游业发展势头良好。东门渔村于 2012 年入选首批中国传统村落名录，2020 年入选第六批浙江省历史文化名村。

　　(2)主要问题

　　①历史建筑急待修缮，沿海环境急需整治。其现状为历史建筑损毁严重，特别是古民居急需保护修缮。沿海公路交通中生产、生活、观光功能混杂。周边地段渔业加工、修造船、仓储用地较多，有一定的噪音、环境污染。

　　②旅游设施薄弱，要素保障不足。渔业相关旅游的季节性强，旅游淡旺季较明显，旅游结构中以观光游览为主，休闲度假等发展相对较慢。旅游企业整体实力不强，"散、弱、小"特征明显，供求错位现象较为突出。"购物、娱乐"薄弱，公共接待服务设施较少。

2.特色概述

　　东门渔村历史底蕴深厚，物质遗存丰富，渔业产业兴旺。规划着重从区域地块、渔业文化传承、村庄特色塑造等方面重新认识东门渔村的经济、社会、环境发展基础与价值。

　　(1)山海兼备的海岛风光

　　东门渔村所处的东门岛是典型的海岛，东临东海，周边岛屿众多，"一出东门便十洲"，海洋景观壮阔，礁石造型多样。岛上以丘陵山地为主，植被茂盛，动植物资源丰富。东门渔村背山面海，风光独特。

　　(2)产业兴旺的沿海渔村

　　东门岛海域中渔业资源丰富，已形成发达的渔业和水产加工业。海岸线上泊满了渔船，港岸立着十余家水产冷库。丰富的港口渔业设施造就了具有特色的渔产业景观资源，作为一种生活性和生产性兼具的景观特色也成为旅游的新亮点(见图 4-51)。

旅游活动　　　　　　　　　　水产加工　　　　　　　　　　渔港盛况

图 4-51　东门渔村渔产业图景

（3）遗迹丰富的历史风貌

东门渔村历史遗迹众多,有最早古城垣的遗迹、明城隍庙、元烽堠遗迹、东门灯塔与任氏兄弟二难墓、天妃宫等,是村落历史文化的见证。这些历史遗迹反映了地方风格,记载着东门渔村发展的轨迹,且都是现代社会中不可多得也不可或缺的巨大财富(见图 4-52)。

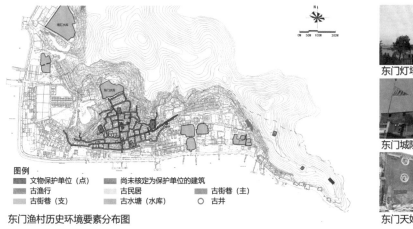

东门灯塔

东门城隍庙

东门天妃宫

图例
■ 文物保护单位（点）　　■ 尚未核定为保护单位的建筑
■ 古渔行　　　　　　　　■ 古民居　　　　　　　　■ 古街巷（主）
■ 古街巷（支）　　　　　■ 古水塘（水库）　　　　○ 古井

东门渔村历史环境要素分布图

图 4-52　东门渔村文物古迹及历史环境要素

（4）与海共生的民俗文化

联系海峡两岸的民俗文化、海防文化丰富多彩,如由祭祀文化发展而来的开洋节、谢洋节等节庆习俗,庙戏、细十番等艺术活动,七月半放水灯等祭祖活动。从传统社会延续到今天,这些文化活动展示了渔民生活的希望和领悟。这些传统文化的传承和发展,是东门渔村文明的见证,也是东门渔村可以继续生存发展壮大的土壤(见图 4-53)。

开洋戏　　　　　　　　　　祭祀妈祖　　　　　　　　　　东门炮台

图 4-53　东门渔村民俗文化要素示例

3.规划策略

(1)规划目标

从东门岛所处的区位、本体的资源禀赋、发展的优劣势出发,依托丰富的海洋文化资源,以及与周边区域错位发展的理念,本次规划将东门渔村定位为浙江渔业第一村、宁波市海岛型历史文化名村、渔文化旅游岛、国家海洋渔文化核心保护区(见图4-54)。

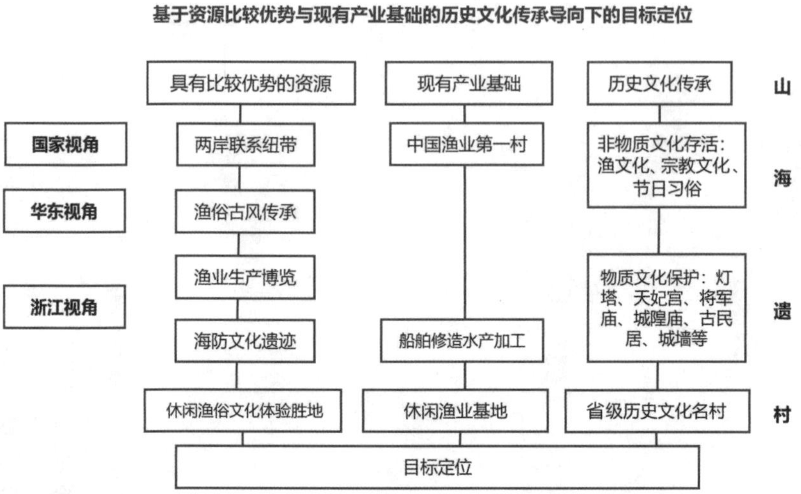

基于资源比较优势与现有产业基础的历史文化传承导向下的目标定位

图4-54 东门渔村目标定位体系

(2)整体保护,突出重点

在空间格局上,依据"整体保护、突出重点"的原则,确保村庄及周围片区的原真性、整体性、协调性。对村庄古建筑、古民居和古街道的修缮修复进行规划设计,延续其传统格局和历史风貌;通过对建设用地功能、建筑高度、建筑形式、天际轮廓线、视线通廊等的控制;保持"山—村—海—礁"的空间格局,充分显现海岛渔村特色风貌。

(3)渔业传承,强化特色

在产业发展上,东门渔村已形成以渔业为核心的特色产业基础。目前,东门渔村的支柱产业仍以捕捞、养殖、水产品加工等渔业相关产业为主;东门渔村有着得天独厚的海洋性气候、山水环绕的自然环境、别具一格的渔俗和渔村文化特色;加之陆路交通日渐便利,城村通勤受自然影响减少;有条件营造良好的具有慢生活特色的休闲度假、工作居住生产生活环境,规划整合渔业和渔俗文化优势开展以休闲旅游、滨海观光为主的滨海系列旅游产业。

(4)非物质遗产活态传承

①渔文化活态传承策略

a.将渔文化与天妃宫、城隍庙、王将军庙,以及具有传统风貌特色的渔民宅居等历史建筑、传统风貌建筑、文物遗迹结合起来,共同形成渔文化的物质载体。开辟船模展览馆、渔灯渔拓展览馆,恢复老渔行。

b.结合工业建筑改造,展示渔业技术、生产工艺,如造船、织网、渔具制作。

c.在村庄北部南汇村建设休闲渔文化度假园,如在新建展览馆中增加渔号、渔歌、渔谚、渔灯和渔家人文礼仪传习所,建设劳作文化的展示厅和相应的体验场所。

　　d.结合渔村已有的艺术学校,开展传统渔灯、鱼拓、船模等制作技艺、海洋海味烹饪技艺等互动活动,体现东门渔文化历史地位和艺术地位。

　　e.对于渔民号子(渔歌)等曲艺类的非物质文化遗产,明确传承人;通过组建相应的表演队,既能传承文化遗产,又能成为重要的旅游表演项目。

　　②民间信俗文化活态传承策略

　　结合包括天妃宫、王将军庙、城隍庙在内的 6 座庙宇,展示东门渔村的宗教信俗文化。结合已有的活动路线,开辟展示开洋节、谢洋节、如意娘娘巡游文化的集会展示场地,让游客充分了解渔村的民俗文化,并参与互动。定期举办相关的表演和比赛,增强海岛信俗文化活动的影响力。比如开洋节和谢洋节在传统的基础上,增加了陆上和海上巡游,已经成为内涵丰富且具影响力的活动。

　　③海防文化活态传承策略

　　东门渔村自古是历代屯兵设防的要塞。现在主要遗存有东门古城垣、浙东第一峰堠等。结合灯塔、二难兄弟墓,将海防文化与爱国主义教育结合起来,在民俗文化园中设置文化展示区。东门船鼓队表演的鼓钹场地设置在民俗文化园中,定期表演,成为海防文化展现的一个重要项目(见图 4-55)。

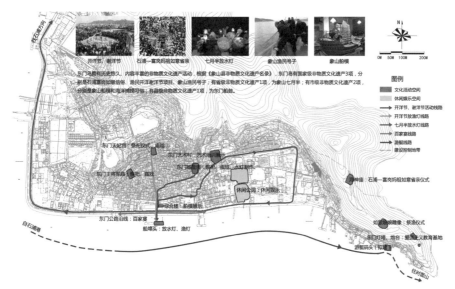

图 4-55　东门渔村非遗传承布局

(5)旅游线路策划

　　根据东门渔村生态资源禀赋与渔文化资源,策划多条游览线路,串联东门渔村各个重要景观节点,线路策划如图 4-56 所示。

　　①海洋渔文化展示与体验。a.渔文化展示:依托分布在岛屿各处的展示平台,进行渔文化集中展示,包括渔业生产工具展示、海洋生物展示、渔业相关艺术作品展示等。同时,在渔村游览中穿插各种渔谚、鱼的传说、渔歌、渔曲等非物质文化的展示。b.渔文化体验:包括生产活动体验和节庆活动体验,如模拟捕鱼、拉网场景的渔业活动体验,船模、渔具制作体验,海产品加工体验等渔业生产体验。同时,围绕天妃宫和十字街,在特定的时期举办如开洋节、谢洋节、庙戏、七月半放水灯、海神庙会等节庆活动。

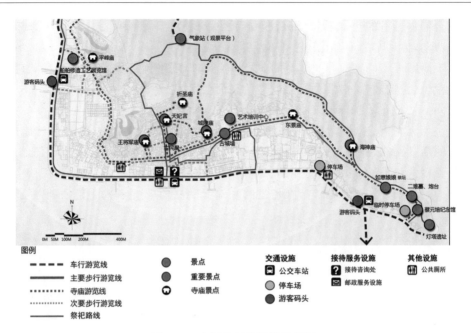

图4-56 东门渔村旅游线路规划

②渔村风光展示。通过梳理街巷空间，修缮历史建筑，整改原有民居，恢复渔村传统风貌，以吸引游客驻足。同时通过修缮上山游步道与休憩节点，使游客可登高望远，观赏渔村全景。另外，滨海道路划分步行和非机动车道，并修建若干休憩节点，使游客可进行环岛步行或骑行活动，感受沿海风光。

③度假疗养产品——渔家乐。利用村民自有住宅空闲房间，或改造老旧民居，以渔家乐为主要形式提供旅客住所和渔村特色餐饮，结合当地居民慢节奏生活，使得游客放慢生活节奏，远离城市的喧嚣和嘈杂，投入大自然怀抱，修身养性。同时将目光投向银发市场，在交通较便捷、设施较齐全的区位开设短期或季节性的度假养老型渔家乐，以吸引城市老年人前来度假疗养。

④渔村特色购物与特色餐饮。延伸海产品加工产业链，在民俗文化园内开设海产品交易市场，并在十字街沿线设立海产品零售商店，以相对低廉的价格和新鲜的食材吸引外来游客。同时在休闲度假园内设置一些小饭馆、水上餐厅等设施，提供具有当地特色的风味品尝。

⑤海防文化教育基地。利用现有灯塔、炮台等海防遗址，在民俗文化园内设置海防文化展览馆，可作为周边中小学海防文化的爱国主义教育基地。

⑥信俗文化展示。东门渔村目前现存的庙宇（包括古代留存和现代重建的）共有六处，分别是祈圣庙、天妃宫、王将军庙、城隍庙、东景庙、海神庙。设计串联庙宇线路和专门的信俗文化展示点，向游客展示东门渔村悠久浓厚的信俗文化。

4.空间营造

(1)整体保护海岛村落格局

为了更好地展示东门渔村的整体格局与风貌特点，选择四个最佳观景点，规划休闲观景平台,构建四个景观视廊,使人能够领略岛屿的不同风貌。

　　建设用地控制的山体和滨海景观带内以绿化和公共活动空间为主,除必要的旅游设施外,严禁开发建设,建筑高度控制在 10.5 米以下。村庄相邻片区的建筑以低、多层为主,允许局部建筑略高,高度控制在 25 米以下(见图 4-57)。村庄建筑布局以"街—巷—院落—屋"和山势地形、渔业生产巧妙结合取胜。一条条巷弄与横街、直街相交,巷弄深处遗落的是天妃宫、王将军庙、城隍庙等重要古庙宇以及一些至今仍不乏住家的三合院落,形成收放有序的空间格局(见图 4-58)。

图 4-57　高度与视廊保护控制图

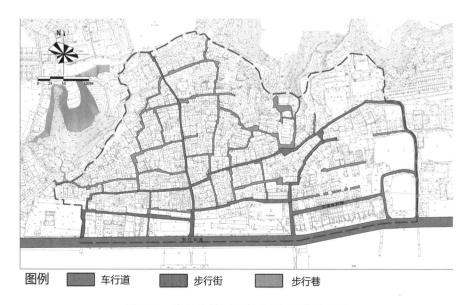

图 4-58　东门渔村"十"字形骨架的街巷肌理

生态环境特色·海岛型

（2）重点打造"一带两轴多点"传统空间形态

①一带：重点打造东门公路沿线景观带。沿线景观带是进入村庄的主要路径，承担着兼具旅游和渔业生产的双重作用，通过规划设计完善配套设施，提升村庄形象（见图4-59）。

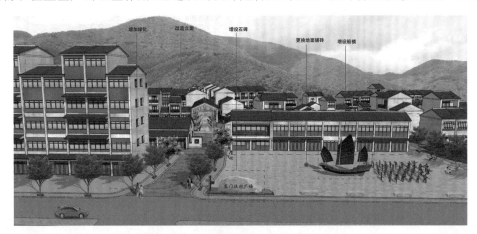

图4-59　东门渔村主入口改造效果

②两轴：村落脉络骨架呈"十"字状，由横街、直街组成。对十字老街立面进行协调改造（见图4-60），塑造具有渔村特色的多样化的街巷景观。

图4-60　直街立面改造规划

a.对立面进行协调改造：基本保留原有巷弄的整体格局。保持街巷原有的空间尺度，修建具有地方特色的曲折进退的街道街面。b.塑造地方特色的街巷景观：恢复传统式样，形成统一而富有变化的街面；改造现有水泥铺地。c.创造多样化的街巷空间：结合近期的闲置空地和远期腾空的小院落进行广场和公共庭院布置，结合传统建筑扩展活动空间和文化展示空间。d.灯光设计：以当地渔灯、水灯为原型，设计具有民俗文化特色的路灯。

③多点：在理顺"十"字村落结构的基础上，针对重要建筑单体，实施保护。将部分传统民居、古渔行改建为博物馆、展览馆、手工艺坊等文化设施（见图4-61）。

图4-61　重要节点改造效果

4.2　历史文化特色营造

4.2.1　家族聚落型特色村

◉ 丽水市松阳县雅溪口村

1.基本情况

（1）研究范围与内容

雅溪口村位于浙江省丽水市松阳县东南部，距松阳县城约 15 分钟车程（见图 4-62）。松阳县城是省级历史文化名城，雅溪口村是第三批国家级传统村落，承载着地域性传统文化的精华，这是不可再生的文化遗产。本次研究范围为雅溪口村村域，面积共 650 公顷；研究的主要内容是围绕村域规划、传统村落保护规划和雅溪口村庄规划三个层面展开设计。其中村庄建成区范围 27.11 公顷，传统村落核心保护区范围为传统建筑集中成片的区域，面积约1.67 公顷。

图 4-62　雅溪口村区位图

资料来源：浙江省标准地图（http://zhejiang.tianditu.gov.cn/standard），审图号：浙 S(2020)17 号。

（2）历史沿革

村庄始于明末清初，元至正丁未年（廿七年，公元 1367 年）徐广一，字祖华，又字绍宗，从吕潭随叔迁至五尺口定居，五年后聚资造五尺口石桥，以祈人气兴旺。随后，林姓先人林显贵于康熙末叶，迁至雅溪口石佛岭项山头建村。清时又有周、施两大姓迁入，逐渐形成一个多姓氏的村落。1946 年，该村属雅南乡，1992 年，撤乡并镇后属象溪镇（见图 4-63）。

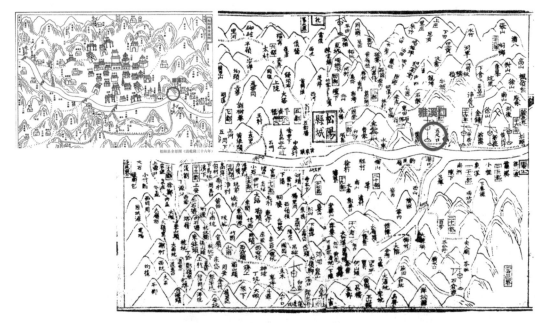

图 4-63 （清）松阳县志：雅溪口村

（3）自然环境资源

村庄坐北朝南，依山傍水而建，东田源、南坑源与松荫溪交汇于此，东南濒水，西北群山绵延，林木葱郁，呈船形状，航运发达，是瓯江客货商旅重要中转站点。目前，松荫溪与东田源是村民生产生活用水的主要来源。这里远山层峦叠嶂，村边溪水涓涓，山水特色近在眼前。村内共有古树 20 余棵，其中雅溪口有 9 棵，主要位于松荫溪沿岸，包括 2 棵 410 年的糙叶树，1 棵 410 年的枫香，1 棵 250 年的枫杨，5 棵 100～200 年的古樟树。

2. 特色概述

雅溪口村作为典型的家族聚落型村庄，其价值特色主要体现在三方面，即以三大氏族为核心的人文特色；珍贵的传统街巷与古建筑遗存；以古桥、古驿道、古码头、古庙为代表的历史要素遗存等。

（1）以三大氏族为核心的人文特色

雅溪口村内徐氏、周氏、施氏三大氏族分片而居，以上弄、中弄、下弄三条纵向的街巷为隔（见图 4-64）。村庄东部是古村落发源地，徐氏最早在此定居，现今仍遗存徐氏大宅、徐氏宗祠等明清时代的古建筑，具有很高的历史价值；村庄中部为周氏氏族居住处，遗存有以周氏大宅为代表的清代古建筑群；村庄西侧为施氏氏族居住处，遗存若干清代、民国古建筑。雅溪口村以氏族分片而居的人文特色，具有很强的代表性与研究性。

（2）珍贵的传统街巷与古建筑遗存

村内传统街巷是旧时三大姓氏建筑群分割的界线，同时也串联着几处主要的历史节点。街巷走势沿松荫溪向北呈梳状，不求平直，随弯就曲，自由灵活，尺度亲切宜人，富有生活气息。主要街巷有沿溪街、上弄、中弄、下弄、五弄、十五弄等。

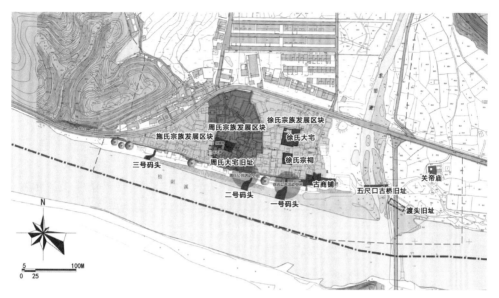

图 4-64　雅溪口村宗氏人文特色分析

　　村庄现存明清古宅 35 幢，明代徐姓宗祠、祖宅、民宅、街道及清代民居、庙宇、书院等保存完好，大部分古民宅连片分布，宗祠和民宅建筑均为硬山顶、泥墙青瓦，内外门楼均有土夯马头墙，门框均为石质，建筑面积都在 100 平方米以上，大的有 1000 多平方米。以中轴线对称建筑为主，中轴线上一至二进四合院格式建筑，面阔三开间、五开间、七开间不等，两侧有附屋。最大的徐氏下弄 6－5 号民宅在土改时分四姓七户，年节间同住 40 余人。建筑内装饰别致典雅，黛瓦粉墙，雕梁画栋。保存完好的牛腿梁托、马头墙、瓦当比比皆是（图 4-65）。

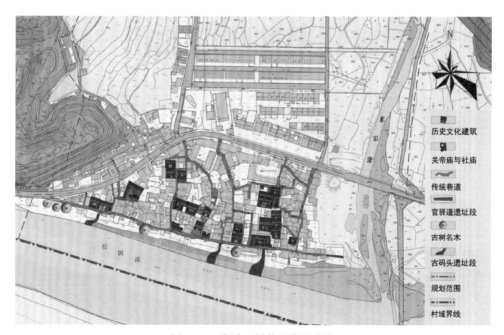

图 4-65　雅溪口村传统资源分布

历史文化特色·家族聚落型

（3）以古桥、古驿道、古码头、古庙为代表的历史环境遗存

①古桥：古时雅溪口村以五尺口古桥为主要的入村口，并以古桥为核心向西向北放射，延伸出古驿道、上弄等主要街巷。从五尺口古桥自东向西沿溪建有商铺街、文化礼堂、宗祠、码头等重要建构筑物，各重要建构筑物、空间、古树一字排开，形成村落最有活力的界面（见图4-66）。②古驿道旧址：以条石铺成，从溪沿街通至竹林之中。旧时古驿道两侧有多座古店铺，这些店铺多为泥木结构、硬山顶、阴阳合瓦。其中溪沿街25号、28号、29号均为历史上较大的店铺。自明末清初始，海外客商经温州驾瓯江至此换货易物，客商众多，吸引周边区域村民来此交易买卖，人气兴旺。但如今古驿道、古店铺均已破败，需修缮复原。③古码头：村落沿溪街南侧保留有三处古码头旧址，建设时序为从东向西，现松荫溪上游水坝建成后只余下部分码头石阶。古时松荫溪对村落的交通、生活起着十分重要的作用，古码头见证了村落水上交通的发展，具有重要的研究价值。④古庙：即夫人庙，是县保护建筑，位于项山头自然村，自清代建成以来，香火旺盛。

图4-66　雅溪口村松荫溪界面现状照片

3. 规划策略

依据雅溪口村核心特色资源，我们提出特色营造的相关策略。

（1）形成总体结构，发扬文脉特色

规划总体形成"三心三片两带四轴"的布局结构（见图4-67），即"溪村相映、山田相依、新老分离、差异发展"的形态格局。"三心"是指村庄中部的游客服务中心、村庄南部的村庄行政中心和民宿发展中心。"三片"即根据空间风貌和内涵特征将村庄分为南侧传统文化片、北侧现代生活片和东西两侧的田园景观片。"两带"是指村庄中部的沿街门户走廊带和南部的沿溪生态走廊带。"四轴"是指"上弄、中弄、下弄、横弄"等三纵一横的氏族人文轴线。

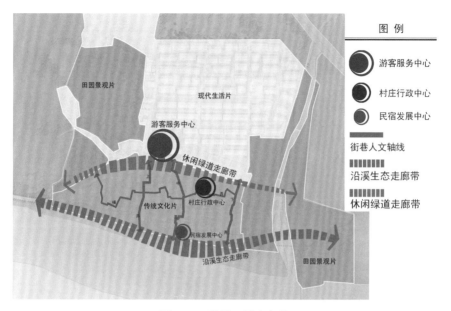

图 4-67　雅溪口村庄布局

（2）规划文化展示游线，保护与发扬传统特色

雅溪口村具有以三大氏族为核心的人文特色格局，以及宝贵的传统建筑资源、历史环境要素与非物质遗产资源。通过对村庄文化展示游线的规划与设计，旨在保护与传承雅溪口村人文特色与传统资源。以上弄、中弄、下弄为主要交通街巷，保护与展示三大氏族各自的文化生活片区，并通过串联"赏古、观新"两类文化展示点来形成村庄文化展示游线（见图 4-68）。"赏古"主要包含村内既有古树、古宅、古宗祠、古遗址、古码头、古商铺旧址等传统文化展示点；"观新"主要包括规划新建多个文化传习节点（见表 4-1）。

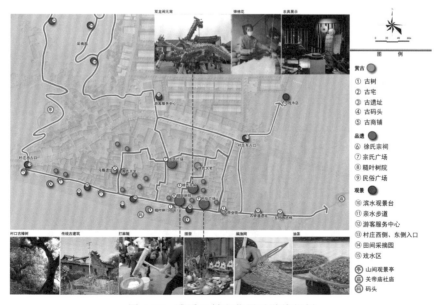

图 4-68　雅溪口村文化展示游线规划

历史文化特色·家族聚落型

表 4-1　雅溪口村文化展示点

	编号	文化展示点	主要展示内容
古	1	古树	主要沿溪街两侧由西向东依次排列：三棵古樟树，一棵古枫树，以及两棵古糙叶树
	2	古宅	包括周氏大宅、徐氏大宅等三大宗族古时旧宅共十八座
	3	古宗祠	明代徐氏古宗祠
	4	古遗址	周氏古马厩遗址、古驿道遗址及五尺口古桥遗址
	5	古码头	三座古码头遗址
	6	古商铺	古商铺一条街旧址
新	1	宗氏广场	位于中弄与横弄交接处，进行宗族文化展示
	2	糙叶树院	位于村内 410 年古糙叶树周边，为村内文化传习场所，展示摆祭、打麻糍等民俗活动
	3	民俗广场	为传统民居下弄 7—2 号的前场空间，用于展示村内民俗活动：织渔网、炒油茶、编竹筏等
	4	滨水观景台	梳理溪边地形整理出观景台供游客驻足欣赏，另设有凉亭供休憩
	5	亲水步道及码头	规划复原码头旧址，将 2 号码头重新利用，其余四座码头设计为亲水步道
	6	游客接待中心	规划将废弃文化大礼堂重新立面改造利用为游客接待中心
	7	村庄东西两侧入口	作为村庄门牌，具有引导性、标识性功能
	8	山间观景亭	村庄西侧山间设置观景亭，供游客休憩及俯瞰古建筑群
	9	田间采摘园	村庄西北侧规划布置多处采摘园，增加趣味性
	10	戏水区	村庄东北侧松荫溪支流开发为游泳戏水区

（3）水陆双界面分区设计，优化村庄整体风貌

通过对雅溪口村临水界面与临省道界面分区规划与设计，村庄的整体风貌得到提升。村庄临水界面为旧村，内部以步行为主，街巷空间蜿蜒曲折。规划总体布局上强调传统性与历史感，并着重打造临水界面建筑景观风貌，以展现雅溪口村传统风貌特色。而临省道界面为新村区域，我们从新时代的生活需求出发，考虑车行的可达性与便利性、新民居的日照与使用要求，规整建筑布局。新村、旧村的差异布局，优化了村庄的整体风貌（见图 4-69）。

图 4-69　雅溪口村村庄总体鸟瞰图

4.空间营造

(1)村庄总体设计

为尊重村庄原有肌理与风俗文化,保留村庄特色,营造舒适宜人的居住环境,我们在雅溪口村总体布局设计中,对省道南北两侧不同风貌片区进行分区整治改造。南侧老村片区作为核心整治片区,梳理出传统特色鲜明的历史元素,通过保留村庄街巷肌理、整理街巷结构、保护历史建筑、重点打造历史元素周边环境,突出雅溪口村的传统特色;并结合沿溪地形布置滨水景观及游步道。北侧片区作为新村片区,规划选择地形平坦的区域作为新建居住区的建设地块;对省道两侧现状农房进行统一立面整治改造,并利用西侧山丘的制高点,设置观景亭;同时充分利用村庄内自然景观元素,以"借景""对景"等手法打造景观节点,营造丰富多样的景观。

(2)省道南侧老村片区设计

雅溪口村老村区域位于 220 省道与松荫溪之间。核心区内村庄传统肌理保存较好,结合周边环境,形成"三纵两横"的整体格局(见图 4-70)。三纵:上弄、中弄、下弄为村庄内部传统街巷,空间格局保存较为完整。两横:即核心区中部的横弄、临松荫溪的沿溪街。布局设计通过街巷串联院落、建筑与景观节点,形成以"街—巷—院—宅—亭"为一体的系统,展现雅溪口的自然环境和传统村落之美。同时,通过对村庄入口、古树侧院、古宅前院、宗氏文化广场、马厩遗址等景观节点的详细设计,对外展现雅溪口村传统文化特色。

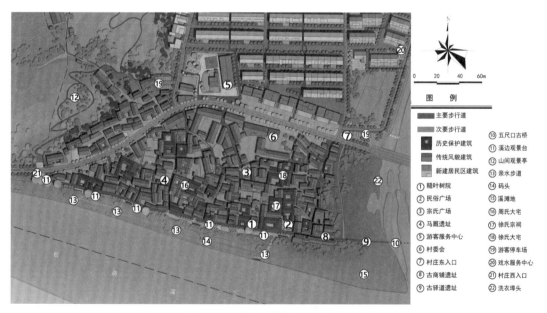

图 4-70　雅溪口村核心区总平面图

①村庄入口节点:古宅剪影迎朋客,浓情乡土聚远近。在村庄东西入口处各设置入口节点。东侧入口的小广场,占地约 180m²。我们吸取乡土元素,采用青色块石铺装,景墙使用黄色土墙及石头堆砌,并以黑瓦为顶、黄竹为窗、长木为凳。这种设计体现了浓厚的乡土特色,给人以亲切的乡土体验(见图 4-71)。

图 4-71　村庄东入口节点效果

　　②宗氏广场：三族宗氏溯本源。宗氏广场位于中弄中间段，占地面积约 220m²，现状为村内空地。通过平整土地、布置三段高低不同的景墙设计，体现以徐氏、周氏、施氏这三大家族为主的人文历史。广场主要以块石铺装，结合花坛、绿地、乔木、石凳等，空间层次丰富，并为村民、游客提供休憩交流及重要节庆室外摆祭的场所（见图 4-72）。

　　③古树侧院：糙叶树下话乡情。古树侧院位于沿溪街东段，正对村内 410 年历史的古糙叶树，占地约 60m²。我们结合古树、溪景，打造怡然有趣的小空间，既可供游客和村民休憩，又可为村内历史文化的传播展示提供空间（见图 4-73）。

图 4-72　宗氏广场节点效果

图 4-73　古树侧院节点效果

　　④古宅前院：油茶渔网传民俗。本节点位于沿溪古道的东段，紧邻古商铺，也是传统民居下弄 7－2 号的前场空间，占地面积约 200m²。古宅前院地面铺装通过卵石、块石的拼装、组合，形成具有礼仪性的广场，成为连接古道与传统民居、自然环境与人文聚落的过渡空间（见图 4-74）。

图 4-74　古宅前院节点效果

图 4-75　马厩遗址节点效果

⑤马厩遗址：重塑马厩唤回忆。该景观节点位于上弄的中段位置，占地约 $100\mathrm{m}^2$，旧时是周氏家族的马厩所在，是雅溪口历史记忆的承载之一。我们通过木构架、小青瓦、石矮墙，在此遗址上重建马厩，唤起人们对村庄历史的回忆。厩棚采用长短双坡屋面，契合村庄整体型制。地面以平整土壤为主，突出马厩原貌特征（见图 4-76）。

（3）滨水界面风貌改造设计。

沿松荫溪的滨水长街风貌古朴，历史保护建筑众多，是村庄深厚历史的见证，也是村庄与自然环境相结合的最美部分。本次设计以"生态走廊"为目标打造这一地块，对该区域农房风貌及景观绿地进行改造提升。

①建筑改造。历史保护建筑强调"修旧如旧"的保护模式，保存其原有型制，清理墙面，彰显其历史气息。古商铺原址建筑以修缮复原为主导原则，添加马头墙、披檐、墙裙等元素，立面门窗构件采用木材，营造古朴气息。沿河其他建筑统一立面色调为土黄色，增设门头、窗檐、马头墙等元素，使整体形象更加贴合古街风貌（见图 4-76）。

改造前（从左到右——由西往东）

改造后（从左到右——由西往东）

图 4-76　雅溪口村滨水界面建筑整治改造效果

②景观设计。在对松荫溪四季水位线、沿溪街地形地貌以及周边历史遗迹进行充分的调研分析后，我们将既有的溪边历史遗迹，如传统古建筑、古树、古码头遗址等，作为改造设

历史文化特色·家族聚落型

计的出发点,根据这些历史遗迹的文化方式展开设计;并依据各季水位线补植亲水植物。(见图 4-77)。

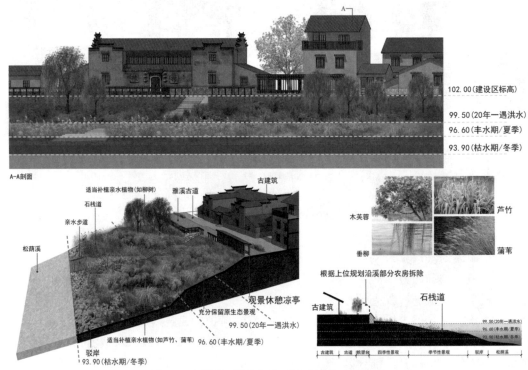

图 4-77　雅溪口村滨水界面景观风貌改造分析

4.2.2　历史街区型特色村

◉ **金华市金东区岭下镇岭五村美丽宜居示范村**

1. 基本情况

(1)研究范围与内容

岭五村位于金华市金东区岭下镇,距金华市区约 12.3 公里。村庄坐落于积道山脚,位于八仙溪南侧,北临诗后山村,西南与岭二村、岭三村、岭四村相接,东靠岭一村。村内的坡阳古街自明代以来就是金华商业要道,上通严州、杭州,下达丽水、温州、台州,百货辐辏,人流密集;目前岭五村仍处在金华市域重要的交通位置,高速公路出入口距岭五村在 1 公里范围内,交通优势明显(见图 4-78)。

(2)历史沿革

岭五村历史悠久,最早可追溯到明朝。清代,岭下镇隶属惠日乡。据光绪《金华县志》载,岭下朱属二十一都二图,石桥属二十都二图。民国 21 年(1932),岭下建镇。2000 年,金华县撤县设金东区,岭下镇归金东区管辖。

图 4-78　岭五村区位图

资料来源:浙江省标准地图(http://zhejiang.tianditu.gov.cn/standard),审图号:浙 S(2020)17 号。

（3）自然环境资源

岭五村地域位于积道山南麓,境内山峦起伏,属半山区。村庄地势西南低东北高,有自然山林与池塘,坡阳古街走向垂直于等高线,地势起伏较大。村内水利资源丰富,八仙溪自武义入境,横穿村北;东干渠自安地水库由西南入村;山塘水渠星罗棋布,形成了溪、塘、渠俱全的水系网。

2.特色概述

作为典型的历史街区型村庄,村内核心片区为以坡阳古街为轴高度集聚了保留较好的古建筑群。整个村落以坡阳古街为主要纽带,串联南北向传统街巷,构成鱼骨状的空间肌理。另外,岭五村拥有丰富的非物质文化遗产,包括曲艺戏剧、地方民俗、手工技艺、民间传说等,这些共同构成了该村的价值特色。

（1）坡阳古街为核心的传统街区特色

坡阳古街自明代以来就是金华的商业要道,"上通温台处,下达金衢严",有"浙中第一古街"的美称。古街全长 400 余米,路面以青石板铺设,两侧以明清时期徽派建筑为主。沿街分布有许多著名商号,如"同泰""同和""保元堂""豫康""叶乾元"等。许多古迹也依街而建,上街头有"大王殿""长元井",后厅有"观音阁",前厅有古戏台,中街有"关公庙",下街有"朱氏宗祠"、明代画家朱性甫故居、"石洞门"。现存较完整段 300 米。村内现存市级文保单位三处,分别是养志堂、楼下厅、追远亭;古建筑群一处,沿坡阳古街两侧分布;传统建筑五处,分别是观音阁、大王殿、关公庙旧址、文昌阁旧址、朱氏宗祠旧址;古井一处;古渠水塘两处,分别是洋埠塘和东干渠;以及古树一棵(见图 4-79)。

整个村落以坡阳古街为主要纽带,串联南北向传统街巷,构成网状的空间肌理。现存主要古街巷有坡阳古街、横街巷、官路塘巷、后塘巷、观音阁巷等,内部街巷体系呈自发性的不规则分布。各条弄堂不求曲直,自古街向两侧延伸,随弯就曲,灵活自由,深入古建筑群内部,四通八达,收放有序。街巷边界由民居院墙构成,空间体量亲切宜人,富有生活气息(见图 4-80 和图 4-81)。

历史文化特色·历史街区型

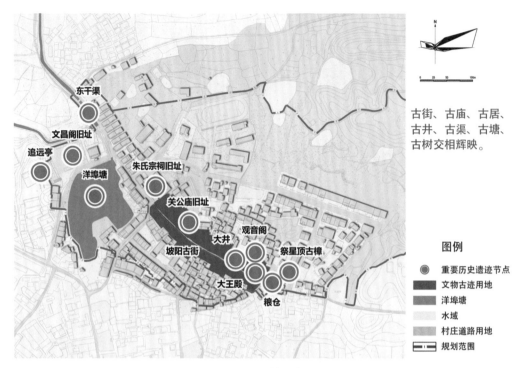

古街、古庙、古居、古井、古渠、古塘、古树交相辉映。

图例

● 重要历史遗迹节点
■ 文物古迹用地
■ 洋埠塘
□ 水域
■ 村庄道路用地
▭ 规划范围

图 4-79　岭五村传统资源分布

图 4-80　岭五村坡阳古街

（2）丰富的非物质文化遗产

岭五村拥有丰富的非物质文化遗产，项目种类繁多，地方特色浓郁，且世代相继，文化生态保存完好。其中，曲艺戏剧类非物质文化包括婺剧、道情；民俗活动包括迎蜡烛灯、迎布龙、抬花轿；手工技艺包括剪纸、编草鞋、豆腐宴等。其他还有坡阳岭阻乾隆等传说，故事取材于岭五村特有的自然环境和传记野史，以及"千丈高的牛龊岭，万丈高的坡阳岭"等有趣的岭下俚语。

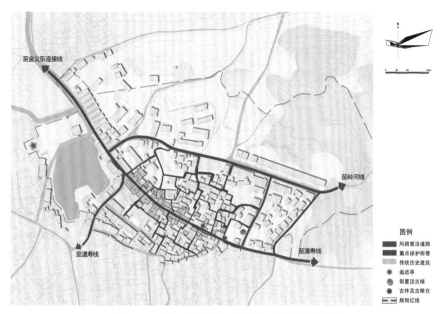

图 4-81　岭五村重点保护街巷及传统建筑分析

3.规划策略

依据岭五村核心特色,提出了特色营造的相关规划策略。

(1)确定保护层级,划定保护范围,制定保护要求

为保护岭五村历史遗存、街巷格局、建筑肌理、传统风貌的完整性,研究确定"风貌协调区—建设控制地带—核心保护区—历史遗存"四级保护层次(见图 4-82)。历史遗存保护范围详见附录 B。

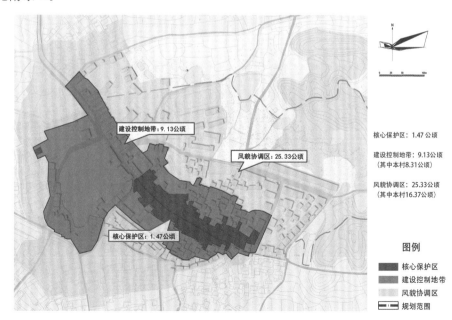

图 4-82　岭五村保护范围规划

（2）重点保护坡阳古街，制定高度与视廊控制规划

保护坡阳古街既有传统格局，对高度与视廊进行了控制规划。

①高度控制规划

a.核心保护区范围内的建筑按照原高度进行控制，新建、改建或整治建筑高度不得超过两层，现有高度不符合控制要求的应按规划分期进行降层或拆除处理。

b.建设控制地带范围内的建筑按照原高度进行控制，新建、改建或整治建筑高度不得超过三层，现有高度不符合控制要求的应按规划分期进行降层或拆除处理。

c.风貌协调区范围内的建筑按照原高度，考虑视线景观和整体风貌协调进行控制，新建、改建或整治建筑高度不得超过四层，现有高度不符合控制要求的应按规划分期进行降层或拆除处理。

②视线廊道控制规划

根据现状条件，结合村庄绿地景观系统，规划选择三处观景节点，在此范围内控制建筑高度、建筑密度、整体景观风貌（见图4-83）。视廊一为追远亭节点，该节点为岭五村的制高点，全村风貌一览无遗，视野开阔。视廊二为古村入口处，该节点位于可展示岭五村风貌的门户位置。视廊三为祭星顶节点，该节点为坡阳古街的制高点，可俯瞰街巷里弄依地势布局、古街两侧民居随形就势的独特地貌。

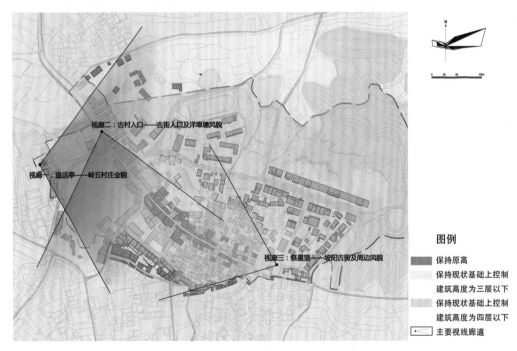

图4-83 岭五村高度与视廊控制图

（3）制定以坡阳古街为核心、以非物质文化为内涵的活态传承路线

在串联村庄入口、坡阳古街及既有文化习俗场所的基础上，规划增设若干非物质文化承载场所，形成一条以坡阳古街为核心、非物质文化为内涵的活态传承路线。新增追远广场和丰登广场两处非物质文化活动承载场所。恢复豆腐宴、糕点工艺坊、编草鞋、面塑及剪纸等传统手工艺作坊；设置朱氏宗祠旧址为非物质文化展示场所；保护及增设婺剧、道情、舞龙、

迎蜡烛灯、民俗礼乐队、民俗工艺体验等非物质文化活动场所。结合庙会等民间信俗,设置观音阁、大王殿为宗教文化承载场所。

根据已有活动路线及迎布龙、迎蜡烛灯等展示需求,规划对巡游路线和相关场地进行统一保护,并结合村庄旅游线路,促使村民和游客能够进行体验互动,增强岭五村民俗文化的影响力(见图4-84)。

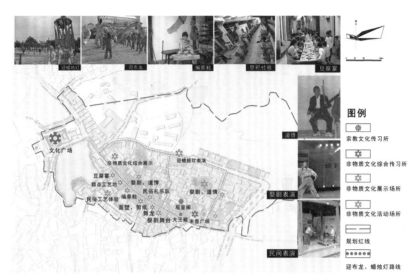

图 4-84　岭五村文化场所及路线保护图

4.空间营造

(1)村庄总体设计

为尊重岭五村原有肌理与风俗文化,营造舒适宜人的居住环境,规划通过总体布局与空间营造,突显乡村固有特色(见图4-85)。

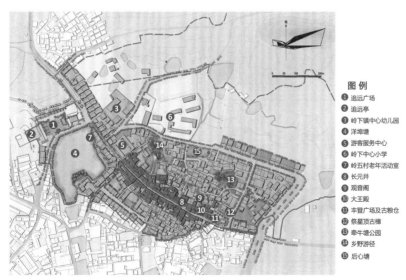

图 4-85　岭五村总平面图

①梳理历史元素,突出街巷特色。总体布局设计以坡阳古街为核心,梳理出传统特色鲜明的历史元素,梳理街巷结构,重点打造历史建筑周边环境,突出岭五村的街巷特色。

②利用自然环境,营造丰富景观。在总体布局设计中,我们充分考虑了村庄地形地势,结合既有的小山丘、小树林、池塘水渠进行景观设计,根据村民意愿利用村庄闲置空地设计公共广场,围绕古树设计休憩节点,并将节点通过坡阳古街串联成有机的环线,营造丰富多样且具有村庄特色的景观。

③尊重时代需求,新旧差异营造。村内新旧交通风貌并存,规划尊重时代需求,对新旧交通进行差异化的风貌营造。其一,以坡阳古街为核心的古街巷群:总体设计上以保护修缮为主,强调传统性及历史感,古街两端进行适当的建筑立面及铺装改造。其二,以新街为主的新建道路:路面较宽,设计从新时代的生活需求出发,对道路街景进行改造,总体设计相对现代、规整、统一。通过古街、新街的差异设计,在乡土化的框架下,保留并强化各自的特征。

(2)坡阳古街风貌整治

岭五村现存坡阳古街风貌基础较好,古街中段传统建筑及铺装保存完好,但入口段及尾段部分建筑与村内传统建筑风貌不符,道路街景亦不协调。为塑造完整、协调的古街传统风貌,我们针对古街入口段及尾段分别进行具体设计。具体改造措施包括:道路铺装沿袭古街样式进行改造;汲取当地历史保护建筑型制及构件特点,改造两侧建筑立面;结合古建民居特色元素,增强古街民俗氛围,丰富其文化内涵(见图 4-86)。

青砖 错缝老石板 青砖
2.0m 3.5m 2.0m
7.5m

索引图　　现状

图 4-86　岭五村街巷空间改造图

（3）重要景观节点设计

依据岭五村现状场地情况及村民生活需求，规划对四处主要节点进行了详细设计。

①丰登广场

丰登广场位于村庄东南侧，坡阳古街东段，占地约 1200 平方米。设计以丰收为主题，采用米黄色方格铺装，体现喜庆的氛围，日常作为村民娱乐文化活动的场所使用。设计保留现有古粮仓及千年古樟，对周边环境进行改造，间隔增设木质座椅及花池，供村民休憩乘凉，并布置景墙展示农耕文化。在植物配置上，设立树池种植明快的有色树，并配以杜鹃、黄馨等下木，烘托乡土情调（见图 4-87）。

②追远广场

追远广场位于追远亭东侧，占地约 3500 平方米，包括停车场与村庄礼仪文化广场。设计布置戏台，供村民日常文娱活动使用，这有利于推广村内非物质文化的传播（如婺剧表演、道情表演等）。东侧设置传统风格景墙，种植色彩明亮的植物，打破原来具有压迫感的高墙。另在广场北侧布置停车位 21 个，便于游客集散及村民日常使用（见图 4-88）。

图 4-87　岭五村丰登广场效果　　　　图 4-88　岭五村追远广场效果

③牵牛塘小公园

牵牛塘小公园位于村庄东侧，占地约 1900 平方米，现状场地较为凌乱，但植被条件好，可改造为优美的休憩公园。设计使用石阶缓解场地高差，利用铺装分隔场地，布置出多个休息平台，营造曲折通幽的氛围。保留现有郁郁葱葱的大树，并补植一些色彩明亮的灌木，增强植物造景的层次性（见图 4-89）。

④乡野游径

乡野游径选址于牵牛塘小公园对面，占地约 300 平方米，原址植被条件较好，但缺乏相应的景观设施，故增加游步道，引人进入节点。围绕大树设计休息平台，供村民休憩、交谈（见图 4-90）。

图 4-89　岭五村牵牛塘小公园效果　　　　图 4-90　岭五村乡野游径效果

4.2.3 传统古村型特色村

◉ 衢州市衢江区湖南镇破石村

1. 基本情况

(1)村庄概况

破石村位于衢州市衢江区湖南镇东侧,坐落于乌溪江畔,整体形成两山夹一水的村落格局,内部破石溪自东向西汇入乌溪江。村庄现居人口多为余氏,于南宋乾道年间自现柯城区石梁镇大俱源迁入,发展至今形成了鲜明的宗姓文化(见图4-91)。村庄由鲍家山村、东仓村、东仓口村和破石村四个自然村组成,规划范围内为破石行政村,共有行门前、上村、下村三个居民点,截至2015年底,户籍人口约为860人,村民人均年收入约为7000元。

图 4-91 破石村区位图及鸟瞰图

资料来源:浙江省标准地图(http://zhejiang.tianditu.gov.cn/standard),审图号:浙S(2020)17号。

(2)历史文化

破石村传统建(构)筑物数量较多,村域范围内现存4处文物保护单位、62处传统建筑物、2处构筑物。经过多年的历史发展,村内大部分传统建筑虽保存较为完好,但仍有较多建筑存在局部破损的情况,村内部分传统街巷也已遭到破坏。村庄沿革至今,非物质文化遗产丰富多样,包括耕读文化、余氏宗姓文化、孝文化、畲族文化、水运文化、破石婺剧、名人轶事、民俗活动八大类。

(3)现状问题

随着村庄社会经济的发展,居民需求观念和生活方式也发生了较大的变化。破石村也呈现出较多的问题。

①村民生活方式转变,留村就业困难。这表现为传统村居模式难以满足现代生活的需求,原有配套设施逐渐无法满足居民需求,加之古村物质环境恶化,村内就业环境不能满足村民需求,降低了村庄的居住吸引力。

②村民保护意识薄弱,传统风貌特色退化。这表现为村民对古建筑的保护意识薄弱,未能正确认识到历史遗产的真正价值。同时村庄建设用地的饱和与村民居住环境改善的需求迫

切,使得村内不少的古建筑被拆除,用以建设新式居民住宅,传统古建筑正在被破坏和消失。

2.特色概述

破石村历史传承久远,村落文化特色鲜明,可概况为如下五方面。

(1)选址与自然环境特征

村落整体呈现出"背山面水、小盆地型空间"的选址特征和"溪水穿村、山山重围、节理石柱、四景环绕"的自然环境特征。村落背山面水,顺山脚平坝阶梯上升,四周群山环绕,整体是一个以坐实朝空为主向的小盆地型空间。村落内部破石溪穿村而过,古河道熠熠生辉。村落两侧山体上有亿万年前形成的节理石柱。著名的破石四景(牡丹台、笔架山、墨砚池、双蝶峰)坐落在村落四周,衬托出破石村的独特自然风景线。

(2)传统格局特征

村落以破石溪为发展轴线,形成"两山夹一水"的村落格局和"疏密相融、高低相望"的"鱼骨状"街巷肌理特色(图4-92)。村落呈带状坐落于山谷之中,依地形形成两个较大的组团,南北青山环绕,破石溪在村落中北部蜿蜒而过,自东向西汇入乌溪江。山水村三者合一形成了村落特色山水古村格局。

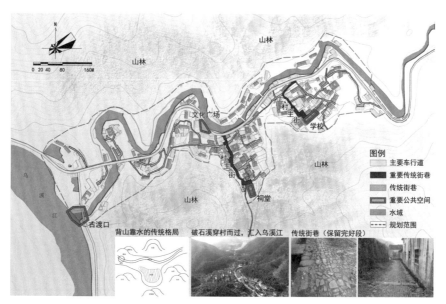

图 4-92　破石村格局风貌和历史街巷现状

(3)传统建筑特征

村落现存传统建筑众多,历史风貌显著,呈现出"合院落式、徽派遗风"的建筑形式和"装饰精美、礼义传承"的内部装饰特色。村落内部传统建筑大多采用合院式,建筑平面规则对称。其中,余氏宗祠特征明显,为三进三开间形式,极具传统美感。建筑风格多沿袭徽派建筑,粉墙黛瓦,两侧高大的马头墙相夹形成硬山顶,呈现柔和庄实古朴之美,门头石刻门楣雕刻精细,典雅古朴。建筑内部木雕技艺精致秀美,以花鸟鱼虫、人物故事、自然山水、吉祥图案为主,人物题材反映儒家"仁义礼智信"和"忠孝"思想,展现村落深邃的文化底蕴。

（4）历史环境要素特征

村落内历史环境要素悠远古朴。具有代表性的有区级文保单位迎喜桥,其建于南宋中期,由青石板砌筑而成,位于村落西侧,为横跨破石溪的拱桥;破石溪古道曲折蜿蜒,沿河而上,整体视野舒展,环境优美。此外,村内还有圩坝古窑、清代古井、破石古渡、破石砚池、沿溪水埠头、古巷道、古树名木等历史环境要素。这些要素都是破石村历史发展的见证。

（5）非物质文化特征

破石村历史悠久,文化气息浓厚,明朝期间,破石余氏成为三衢望族,出过多名举人和进士,历史流传至今,形成"诗礼传承、为官报国"的耕读文化。余氏经过漫长的发展,形成"一保三修、氏族绵延"的宗姓及孝文化,表现为保护余氏大祠堂,供以祭祖,修缮宗祠、修宗谱和修理祖基。此外,还有一脉相承的传统婺剧等多样非遗文化。

综合上述五方面的村落特色,破石村作为传统村落,有以下六方面的价值:上溯南宋、明清遗风的历史价值,宗族礼孝、婺剧表演的文化价值,建筑装饰、木雕彩画的艺术价值,风水选址、石柱地貌的科学价值,旅游开发、产业提升的经济价值和提供就业、古村留存的社会价值。

3.规划策略

（1）确定村庄定位,谋划产业发展

规划分析破石村现状与发展基础,定位其为"乌溪江畔山谷型文化旅游特色村及国家传统村落示范村",并对产业做出空间布局与发展引导。

为激活村落历史文化特色,对村落物质遗产与非物质文化合理再利用。村落内部适度谋划旅游空间,规划人文和自然两条主要游线（见图 4-93）,其中人文游线结合街巷,串联村落内部主要物质遗产和非物质文化遗产（如余氏宗祠、结合传统建筑谋划的村落文化展览馆、阅览室等以及余氏大宅等建筑）;自然游线结合破石溪古道,串联节理石柱、迎喜桥、古渡口、笔架山等。

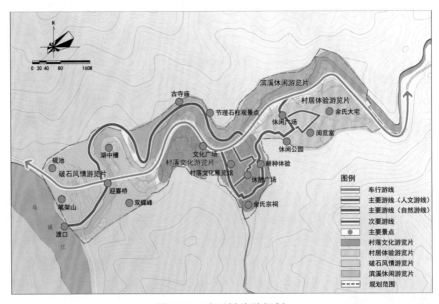

图 4-93　破石村旅游规划

（2）认定保护对象，理清村落价值

通过对破石村现状、村落特征及价值的评估，明确传统村落保护对象主要为村落选址与自然景观要素、传统格局要素、传统建筑要素、历史环境要素、非物质文化活动线路场所及村域传统资源等，详见表 4-2 和图 4-94。

表 4-2　破石村保护对象

要素大类	保护内容分类	具体保护对象
村落选址与自然景观要素	选址	背山面水的风水格局和坐实朝空的小盆地型空间
	山体	笔架山、四周环绕的山体
	地貌	流纹岩节理石柱
	水体	破石溪
传统格局要素	基本空间格局	"两山夹一水"的特色山水古村落格局
	村落形态	带状的村落形态
	分布形式	依地形形成的两个组团
	街巷结构	"鱼骨状"的街巷结构
文物及传统建筑	县（区）级文保单位（3 处）	余氏宗祠、余良伟民居、王炳有民居
	其他传统建筑（62 处）	余水堂民居、余建岳民居、余鸣盛民居、余良和民居、余良民民居、余氏大宅等 62 处
文物及历史环境要素	县（区）级文保单位（1 处）	迎喜桥
	巷、道	破石溪古道、村内街巷
	古井	上村井
	池塘	砚池
	埠头	破石溪沿岸多处埠头
	古树名木	001 樟树、002 银杏、003 香榧、004 罗汉松、005 樟树、006 樟树、007 青冈栎、008 南方红豆杉、009 枫香、010 樟树
非物质文化活动场所	非物质文化	耕读文化、宗族文化、孝文化、婺剧、水运文化、名人轶事、畲族文化、民俗活动
	非物质文化活动场所	村委会前广场、余鸣盛民居、14 号民居、余建岳民居、余氏宗祠、余良伟民居、破石村学校、余良民民居、湖中槽等活动展示场所
	非物质文化活动线路	/
村域传统资源	/	文昌阁、圩坝古窑

图 4-94 破石村传统资源分布

（3）划定保护区划、制定控制措施

规划合理三级保护区划，即核心保护区、建设控制地带、环境协调区（见图 4-95）。

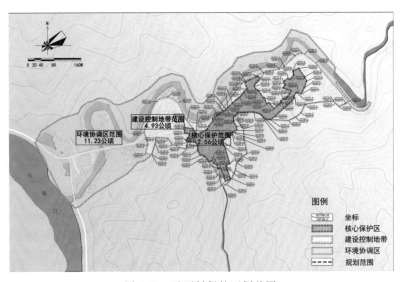

图 4-95 破石村保护区划总图

①核心保护区范围主要包含村落传统风貌保留较好的街巷与建筑，面积为 2.56 公顷，核心保护区内文保建筑和历史建筑参照文物保护单位相关管理规定执行，山林、河流与整体格局采取整体保护措施，保护传统街巷的格局、铺装形式、建筑界面的连续性等。

②建设控制地带范围为核心保护区范围外需要控制维持传统风貌的区域，面积为 4.93 公顷。建设控制地带范围内不得进行高强度开发建设，尽量保持地形、地貌原有状态。新建格局应延续传统建筑和街巷格局，现有建筑应注重保护、修缮，风貌不协调建筑应对其进行整治，使其满足传统村落风貌。

③环境协调区范围为村庄范围内除了核心保护区与建设控制地带的其他区域，面积为

11.23 公顷。环境协调区范围内要保护好现有的自然环境(包括山体、植被及周边水系、农田),严禁开山采石和建设污染型工业等对环境有不良影响的项目。房屋的翻建、改建、扩建,其色调、体量、高度、形式等应当符合整体风貌要求,并保证古村落保护区山体轮廓线和主要视线走廊不受影响。

(4)强化文化保护、制定保护措施

针对村落物质文化遗产、非物质文化遗产、村域传统资源、村落整体风貌和景观视廊,我们提出了相对应的规划保护和控制措施。

①在物质文化遗产保护措施方面,针对余氏宗祠、余良伟民居、王炳友民居和迎喜桥四个文物保护单位,绘制文物古迹保护分幅图,对保护范围和保护措施提出了详细的要求。村落内建筑根据其质量与风貌制定保留、保护维护、修缮改善、整治改造和拆除五类控制措施。对破石溪古道、传统街巷、古井、池塘、埠头、古树名木等,提出保护现状风貌不变、定期检查维护养护等保护措施。

②在非物质文化遗产保护措施方面,提出加强文化遗产学习传承、保护维护非物质文化活动场所、提升村民参与度等相关措施,并策划了非遗活动、活动路线等内容。

③村域传统资源主要为区级文保单位文昌阁和圩坝古窑。文昌阁严格按照文物保护单位相关管理规定执行。圩坝古窑可进行维护修复,作为破石村烧窑文化的展示和制作体验基地。

④在村落整体风貌控制方面,针对山水林田等自然环境、村落整体格局与传统风貌,提出了具体的保护控制措施,主要包括保护自然环境的基本要素特征和历史文化资源所依存的自然环境、传承破石村"背山面水、坐实朝空"的选址格局、"两山夹一水"的村落格局、鱼骨状的街巷结构和自然古朴的传统风貌。

⑤高度和视廊控制要求文保单位、传统建筑及核心保护区范围内建筑高度控制在两层及以下,建设控制地带和环境协调区范围内建筑高度控制在三层及以下。同时,规划如下四条视廊:下村入口—南部山体、山边步道—下村全貌、南部山脚—上村全貌、破石溪古道—节理石柱。视廊范围内严格控制建筑高度,保证视野开阔(见图 4-96)。

图 4-96　破石村高度与视线廊道控制图

历史文化特色·传统古村型

4.空间营造

(1)空间结构布局

破石村规划形成"一轴一脉、一心四片"的功能结构,整体形成"山拥村、村伴水"的山、水、村共融的整体格局(见图4-97)。其中,一轴为依托主要道路形成的村落综合发展轴,一脉为依托破石溪形成的村落水脉,凸显破石村"两山夹一水"的传统格局特征,一心为含村委会、文化广场的村落公共服务中心,四片分别为村落文化展示片、村居生活体验片、破石风情游览片、滨溪生活休闲片。其中"村落文化展示片"和"村居生活体验片"结合村落鱼骨状的街巷格局、徽派传统建筑特色和多样的非物质文化进行建设,凸显出破石村悠久的历史传承和独特的文化特色。

(2)景观结构规划

村落依托破石溪、街巷、公共开放空间、传统建筑、历史要素等规划形成"一心两轴、一带多点"的历史文化景观结构。其中,一心为围绕余氏宗祠的历史文化景观核心,两轴为依托传统街巷的人文景观轴和依破石溪的滨溪景观轴,一带为依托破石溪古道的滨溪绿带,这些均体现了破石村"两山夹一水"的村落格局和鱼骨状的街巷格局。多点即结合村落内公共场地、田园、特征地貌、山体等形成的历史文化景观节点。

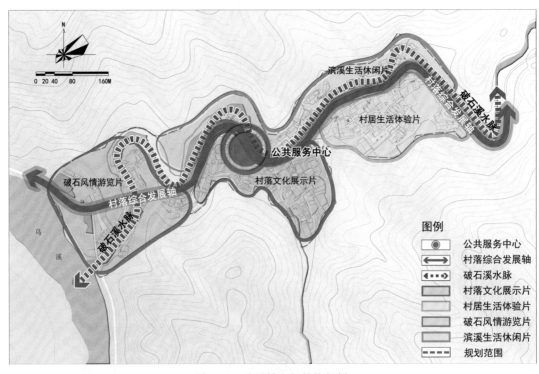

图4-97　破石村空间结构规划

4.2.4 重要文保型特色村

◉ 东阳市湖溪镇马上桥村

1. 基本情况

（1）村庄概况

马上桥村隶属镇西行政村,位于东阳市湖溪镇中部、湖溪镇政府西北侧,距镇政府约900米。村庄地处南江上游北岸的冲积平原,距东阳市区车程半小时,通过诸永高速到达绍兴、金华市区仅需一小时车程,到达杭州、宁波、台州、丽水仅需两小时车程,杭温高速铁路二期的建设计划将在横店设高铁站,此举将进一步增强马上桥村对外交通的便利(见图4-98)。

图4-98 马上桥村区位及鸟瞰图

资料来源:浙江省标准地图(http://zhejiang.tianditu.gov.cn/standard),审图号:浙S(2020)17号。

村周边环境优美,其北侧为湖溪镇八里湾省级农业示范区,广袤的田园风光在村庄周边一览无余。村庄历史悠久,马上桥原名大化,也称千家吕。始祖吕邦彦为北宋名士,自山西解州卜居于此,村庄从南宋开始经历了数代历史变革。现村庄内原住民姓氏以姓吕居多。村中现存文化礼堂一处,该礼堂记录并展现了马上桥村的历史沿革、族规风气、善人义举及先贤典故,它们无一不诉说着村庄深厚的历史文化底蕴。

（2）现状问题

①建设空间无序:新老建筑混杂,环境品质差;空间碎片化,乡村秩序缺失。历史的更迭和现代经济的迅速发展,促成了村庄新老建筑混杂的整体风貌。在现场调研与走访中,我们也发现村庄空间碎片化的特征,村庄内部有多处零碎的空地、荒地闲置,未经利用,较为可惜。而新建农房兵营式的建筑排列形式,一定程度上破坏了村庄传统的肌理特征,导致乡村秩序的缺失。

②本地文化流失:历史记忆缺乏传承,传统建筑破损严重。在对村民的走访中了解到,村内中青年对本村的村庄历史大多了解不足,村庄内部传统建筑破损较为严重,缺少保护措施和保护资金,本地文化正以一种无声的方式缓慢流失。

③特色名片缺失：产业链打造不足，有特色无品牌。村庄经济发展呈现民富村穷的状态，集体收入相对较低。村民和村干部已经意识到建立酒文化产业品牌，然而文化挖掘不够，缺少产业链和产业业态的统筹规划，村庄呈现有特色无品牌的现状问题。

2.特色概述

马上桥村最独特的魅力莫过于其悠久的历史文化积淀，在历史建筑及民俗技艺等方面尤为突出。

（1）历史建筑

马上桥花厅是马上桥村远近闻名的古建筑，已入选为第七批全国重点文物保护单位。马上桥花厅又名"一经堂"，始建于清朝嘉庆二十五年（1820），落成于清朝道光十年（1830），道光十九年（1839）增建第四进后堂。花厅坐北朝南，占地1797平方米，共44间房，共四进，由门楼、照壁、正厅和两进后堂组成，左右为厢楼。明间抬梁式，次间穿斗式。花厅内部装饰由大量珍贵的木雕构件组成，扇形雀替饰花草、山水和楼阁；牛腿镂空饰神仙故事；鼓形刻花柱础。建筑用材不大，但雕梁画栋，富装饰性，是东阳传统民居与东阳木雕艺术结合的典型代表（见图4-99）。马上桥花厅构成马上桥村历史建筑构件及外观的基本元素，也为村庄农房立面改造的设计提供了典型依据和本底支撑（见图4-100）。

图4-99　马上桥花厅实景

重要元素

粉墙黛瓦　马头墙

门头　披檐

窗格装饰　木栏杆

主要材质

瓦　木　砖

常见色彩

黑　白　灰

建筑环境

合院　街巷　田居

图 4-100　马上桥村本土建筑元素展示

（2）耕读传承，名人代出

马上桥村自古便有尊文重教、耕读传承的文化传统。自清朝年间马上桥村便设有大化私塾。清同治十三年（1874），张振珂捐资重建忠清书院，清末设养正书室，为子孙提供求学之所。自宋代吕友能祖孙三代为进士以来，马上桥村代出名人。清末举人吕铭精中医、工书法；民国时期吕耀玑曾任国大议员。当代更有多位著名的教育学家、木雕艺术家、书法大家、科学家。

（3）木雕红曲，本土技艺

长久以来，马上桥木雕、红曲酒酿造等传统技艺代代相传，如今已成为本土技艺产业中重要的一环。红曲酒的历史可追溯到唐宋时期。陆游曾有一首《东阳郭希吕吕子益送酒》，其中吕子益便是马上桥村人，善酿酒，而吕子益的后人吕敏湘，如今是东阳首位国家级中国红曲酒保护与传承人、东阳酒"非遗"代表性传承人，他的湖溪酒厂便设在马上桥村。

东阳地区木雕行业兴盛，马上桥也不例外。马上桥木雕手艺人吕加德一家曾为上百个影视剧组制作过道具，将木雕传统技艺推向世界，可谓是一方宝地孕育一方英才（见图 4-101）。

3. 规划策略

结合湖溪镇大力推行的全域乡村旅游规划，马上桥村深厚的历史文化底蕴及优美的村庄环境为其旅游业的发展迎来了良好机遇。马上桥村作为湖溪镇最具文化特色与发展潜力的村庄，规划明确了以"文化＋田园＋酿酒"为核心的优势资源作为村庄旅游品牌推广的切入点（见图 4-102），依靠本地优势风貌与特色产业，打造属于自己的村庄品牌特色。

历史文化特色·重要文保型

图 4-101　马上桥本土技艺

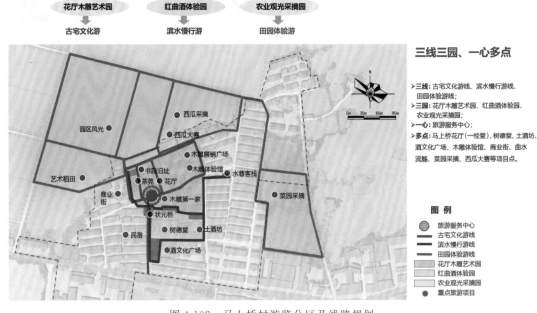

图 4-102　马上桥村游览分区及线路规划

（1）重视国家级文保点：营造周边景观环境，协调周边建筑风貌

依据相关法律法规对马上桥花厅进行保护与日常维护。以花厅为辐射中心，对其周边的村庄核心片区进行整体景观环境提升设计。重点打造花厅文化广场，重塑核心区东入口景观，还原状元桥，引导绿化种植。核心区保留建筑依据花厅风貌进行整体立面改造（见图 4-103 和图 4-104）。

图例

1 马上桥花厅（一经堂）
2 花厅广场
3 树德堂兼红曲土酒馆
4 状元桥
5 游客服务中心
6 雕艺茶苑
7 商业街
8 美食广场
9 慢生活酒吧街区
10 水巷客栈
11 酒文化广场
12 农家乐
13 特色民宿
14 养正书院旧址小广场
15 木雕体验馆
16 木雕展销广场
17 曲水流觞
18 马上桥西瓜馆
19 马上桥西瓜园区
20 农业园区
21 农耕体验园
22 蔬果采摘园
P 停车场

图 4-103　马上桥村规划总平面图

图 4-104　马上桥村鸟瞰效果

（2）打造历史文化形象：利用优势资源塑造品牌形象，制定合理的旅游规划

利用村庄文化优势资源、古建筑资源、传统技艺资源，塑造乡村品牌。因地制宜，进行旅游线路规划及旅游项目策划，引导乡村发展第三产业。充分利用村庄现状历史文化资源、古建资源、自然资源和农业基础，进一步丰富村庄产业层次，引导村民参与旅游业发展，创造就业机会，增加收入来源。

（3）推广东阳传统文化与技艺：挖掘特色文化技艺，引导文化的展示与推广

挖掘马上桥村历史沿革文化、村庄民俗文化、木雕文化、传统东阳古建筑文化、红曲酒文化等，将特色文化及技艺作为村庄对外展示的窗口。通过对村庄总体结构的梳理、文化功能的分区，引导村庄文化展示与推广。

4. 空间营造

马上桥村村内空间营造主要围绕"古宅文化""木雕文化""红曲酒文化"展开，将村庄文化产业融入空间设计中，以此引导和带动乡村民宿、农家乐、乡村文化旅游、商品展销、影视取景基地等村庄第三产业多层次、多元化发展，如村庄分别以"雕、酒、茶、栈、街"为主题确立了重要节点的营造特色（见图4-105）。

雕：木雕第一家　　酒：酒文化广场　　茶：雕艺茶苑　　栈：水巷客栈　　街：酒吧慢行街/美食广场

图 4-105　马上桥村庄设计主要节点分布

村庄重要节点详细设计如下：

（1）雕艺茶苑节点设计

雕艺茶苑为一座传统三合院建筑，合院主房为茶苑，两侧厢房则为木雕展厅，是一处集展览与休闲、品茗于一体的公共建筑。建筑外观的设计沿袭了马上桥花厅的主要元素样式，披檐、木格栅门、挂落等中式传统构件均为东阳传统建筑风格写照。合院的庭院亦延续了中式传统庭院的韵味，以假山石、鹅卵石和小景观作为点缀，并设置了适量木平台作为行走空间，小小庭院营造出了场景感十足的趣味性（见图4-106）。

图 4-106　雕艺茶苑设计效果

图 4-107　红曲酒作坊设计效果

（2）红曲酒作坊设计

红曲酒体验园是在村庄现状机理上对公共空间进行整合而设定的、以红曲酒为主题的体验片区。其中布置了土酒坊参观、文艺酒吧、慢生活街区、酿造体验馆、酒艺展销馆、酒文化广场等相关节点，将红曲酒的酿造体验融入酒文化的展示体验中。红曲酒作坊是一处位于花厅广场南侧的两侧小建筑，西侧紧邻状元桥。建筑整体风格古朴，外立面风格与雕艺茶苑相近。作坊面对花厅的一面设置了一层风雨廊及二层阳台的对望空间（见图 4-107）。

（3）酒文化广场节点设计

酒文化广场位于村中大池塘东侧，节点利用村庄闲置的公共空间进行了景观提升，广场三面临接农房，面水一侧作为主要展示面。广场整体铺装延续了花厅广场石板拼接的材质，周边以酒罐、景墙作为装饰，形成空间围合。广场中央亦利用酒罐作为主要元素造景，结合耐候钢板展墙、酿酒人物的雕塑烘托氛围（见图 4-108）。

图 4-108　酒文化广场节点设计效果

图 4-109　花厅前广场景观提升效果

（4）花厅前广场景观设计

马上桥花厅位于村庄核心区域，如今花厅已进行了相应的修缮与维护，本次设计主要对花厅周边景观环境进行了提升设计，核心是花厅文化广场的打造。广场以老石板和卵石作为主要铺装，延续花厅的古朴韵味，主广场平日里为村民提供了一处文体娱乐的开放式场地，与花厅相关的文化展示活动也可在此进行。广场南侧与池塘区域的衔接采取了亲水化的处理，水边设置的一系列石凳和树池为村民提供了一处休憩纳凉的场所，与主广场动静分明。此外，设计还原了从村南侧通往广场的状元桥，并对周边绿化和水体进行了景观引导设计（见图 4-109）。

历史文化特色·重要文保型

4.3　产业经济特色营造

4.3.1　农业生产型特色村

◉ 金华市浦江县郑家坞镇吴大路村

1. 基本情况

（1）村庄概况

吴大路村位于浦江县东部山区地带，地处郑家坞镇南部，是浦义交界绿色纽带中的山谷小村。村庄周边交通条件良好，位于高速、高铁、航空三式联运中心区，距离浦江互通、义乌互通、义乌高铁站及义乌机场均在30分钟车程以内（见图4-110）。吴大路自明洪武初年建村，坐落于官岩山脚，其"文化养德""建筑养心""美食养生"的传统文化也随之代代相传。村内保留有如吴氏宗祠、曙光堂等多处古建筑和古遗迹。

图 4-110　吴大路村区位图及鸟瞰图

资料来源：浙江省标准地图（http://zhejiang.tianditu.gov.cn/standard），审图号：浙 S(2020)17 号。

（2）经济产业发展

截至2019年底，村庄总户数为610户，户籍总人口1716人。村民主要收入来源为外出务工、办厂经商。村庄内部产业主要为农业种植与手工农副产品制作。农业种植以稻麦为主，兼营茶、桑、林木等，现发展有杨梅、葡萄、茶叶、西瓜等经济作物。手工农副产品有豆腐皮、火腿、麦芽糖等。

（3）现状发展矛盾

吴大路村在发展过程中，存在以下三方面问题。

①基础设施落后：村庄现状仅有一条石吴线经过，且道路宽度较窄，对外通行较为不便。

目前村内基础设施配备较为缺乏,且品质较差。

②产业品牌未立:村庄现状产业以简单的农业种植和手工农副产品制作为主,尚未建立起完整的产业链与产业品牌,农业附加值较低,经济效益不高。

③乡村风貌混乱:随着现代生活的不断冲击,村庄内部新建现代住宅,部分传统建筑遭到破坏,新旧风貌不协调。

2.特色概述

吴大路村自然环境优美、历史传承悠久、产业发展初成,呈现以下三方面特色。

(1)自然环境:官岩山畔、丘陵谷地中的山水田园小村

吴大路村地处浦江县东部山区地带,全境有 15 个山坞,村落周边丘陵起伏多梯田,水塘密布河水细流,境内有陈塘、岭背、理宅、老山等大小 14 处水库,自然风光优美,气候环境舒适。

(2)历史传承:巍巍官岩山、百年吴大路的悠久传承

自明洪武初年建村起,吴大路村虽饱经风霜,但在漫长历史长河中,仍完整地坐落于官岩山脚,其传统文化也随之一脉传承。①文化养德:宗族文化是吴大路村的显著标志,昔日吴姓先祖泰伯三让权位,流芳百世;季扎弃室而耕,延陵世泽。两位先祖的谦让德行千古传颂,是中华文化传统美德。②建筑养心:吴大路村村落依山而建,古建筑成群,一派古色古香的景致,如吴氏宗祠、曙光堂、钱王庙、宝善堂、孝友堂、日升堂、光裕堂、古戏台和古井等。③美食养生:在讲求"民以食为生"的传统背景下,吴大路村村民在漫长的历史中形成了独具特色的饮食加工文化,如手工制作的豆腐皮、米酒、金华火腿等都以上佳的品质闻名华东地区。

(3)产业发展:农业种植初成规模、手工农副产品特色鲜明

吴大路村现有产业以农业种植和手工农副产品制作为主(见图 4-111)。

葡萄种植大棚

村庄周边水田

豆腐皮制作工坊

图 4-111　吴大路村农业种植及豆腐皮制作

产业经济特色·农业生产型

①农业种植:村庄现有耕地 1197 亩,山林 1711 亩,种植以稻麦为主,兼营茶、桑、林木等,现栽植杨梅、葡萄、茶叶、西瓜等经济作物。此外,村庄内还有万方粮食合作社基地、杨梨基地、李子基地、香榧基地等多种粮食果蔬基地。

②手工农副产品:村庄农副产品以豆腐皮制作为特色,现常年运行的仅有一家制作工坊,春节时期扩大到三五十家。此外,村民农闲时腌制的火腿、麦芽糖等食材,同豆腐皮一起以上佳的品质进入浦江各大市场,并畅销杭州、宁波、上海等华东市场。

3.规划策略

(1)定目标:锚定目标群体,确定发展定位

从吴大路村印象入手,综合考虑村庄发展机遇,提出村庄目标愿景和规划策略(见图4-112)。

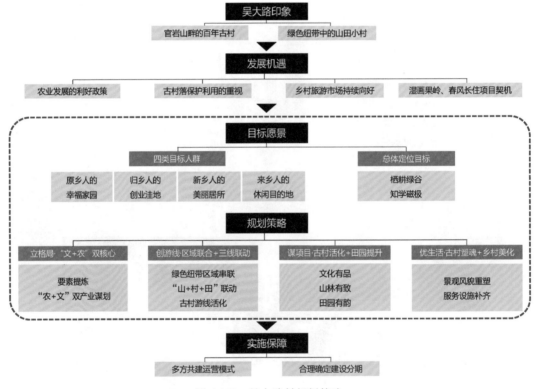

图 4-112　吴大路村规划策略

考虑四类目标群体(原乡人、归乡人、新乡人和来乡人)的需求,即原乡人(村民)对盘活乡村资源与增收创富的获得感;归乡人(返乡村民)对优质创业环境与扎实生活的满足感;新乡人(春风长住住户)对远离城市喧嚣与返璞归园的幸福感;来乡人(游客)对短途休闲度假与放松身心的体验感。锚定发展方向,即为原乡人建设"宜居宜业的幸福家园",为归乡人打造"高质高品的创业洼地",为新乡人创建"山美田美的美丽居所",为来乡人打造"可游可乐的休闲目的地"。

综合吴大路村资源条件及目标群体,规划定位吴大路村为"栖耕绿谷、知学磁极",将村

（侧边栏）产业经济特色·农业生产型

庄打造成独具全域优美山水田园风光、果蔬产业链完整的乡村度假胜地,构筑浦义交界绿色纽带中集山水观光、田园社区、乡村生活、文化创意、山林康体、农业生产等于一体的浙中乡村旅游目的地,引入浦江本地书画特色、春风长住国际教育,打造区域国学与国际教育合一的知学引爆磁极。

(2)立格局:谋划"农业＋文旅"双核心产业

立足吴大路村"巍巍官岩山、悠悠古村魂、漫漫田园心"的优质本底,谋划"农＋文"两大核心主题、"农业＋加工＋文旅＋休闲"四类产业,并构建"文＋农"全维度产业体系(见图4-113)。

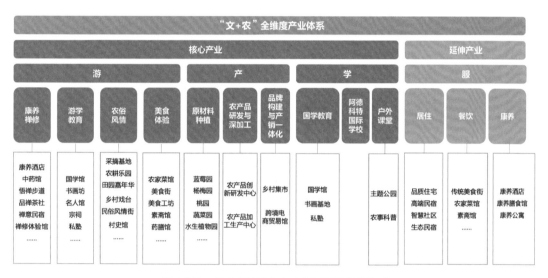

图 4-113　吴大路村"文＋农"全维度产业体系

①农业主题:以村庄优质的农田为基础,以春风长住新乡人、环杭州经济圈等为服务对象,在农业种植和现状初加工的基础上,增加深加工产业与农业休闲。引进专业农业企业、农产品研发加工企业以及销售易货企业,变更现状低附加值、低景观性的葡萄大棚为高附加值、高景观性的水果产物,如蓝莓等,建构"种植—深加工—销售—体验"的农业全产业链。基于吴大路村百年古村的文化底蕴与特色豆腐皮等优质农产,进行产品、包装等设计,树立吴大路农副产品品牌,并利用网络直播等新型平台,扩宽农产品宣传渠道,为吴大路村农民创富增收创造新渠道。

②文化主题:依托吴大路村的历史传承,构建"万年官岩山、百年吴大路"的历史村落文化"五养"产业体系,分别为禅修养心、国学养德、食疗养生、民俗养魂与幽境养性。在此基础上,重置古建筑功能,活化物质遗产,同时结合春风长住国际交换生契机,融合国学与国家教育,打响知学磁极。

(3)创游线:创建"区域联合＋三线联动"的全域游线

以现状石吴线为基础,创建"一主两支"公路景观带,作为区域串联的重要车行游线。联动山、村、田三种载体,创建康养禅修、游学教育、农俗风情、美食体验四大主题游线,并结合游线谋划多项旅游活动(见图 4-114)。

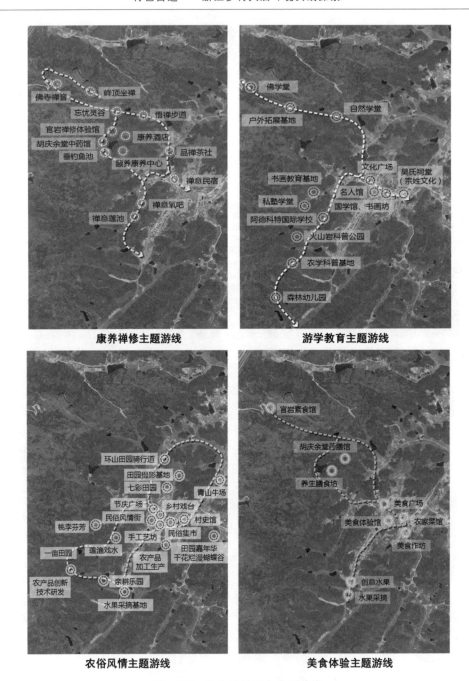

康养禅修主题游线

游学教育主题游线

农俗风情主题游线

美食体验主题游线

图 4-114　吴大路村四大主题游线

①康养禅修主题游线:联合官岩山、吴大路村、春风长住三大片区,以官岩寺、吴大路古村、春风长住康养组团为主要载体,打造主题游线,构建 13 个康养禅修精品项目。

②游学教育主题游线:寓教于乐,结合国际学校、山林田园、吴大路村宗姓文化等,打造主题游线,构建国学教育、国际教育、自然教育等 12 个精品项目。

③农俗风情主题游线:结合优质农田资源、乡风农俗,创建主题游线,构建采摘、耕作、田园摄影、产品加工研发体验、手工艺坊、民俗风情街等 17 个精品项目。

④美食体验主题游线:依托吴大路村传统手工美食豆腐皮、饴糖以及传统农家美食,同时结合康养组团的康养食疗以及官岩寺的素食,创建主题游线,构建 9 个精品项目。

(4)谋项目:谋划"古村活化＋田园提升"多重项目

规划结合四大主题游线,谋划"文化有品""山林有致""田园有韵"三大类型项目(见图4-115)。利用村内古建筑和闲置场地等,创建私家农厨、小吃制作坊、禅意民宿、农创集市、国学馆等项目。

①文化有品:包括"吴大路村－官岩山禅修"主题游步道、古建筑修缮与功能重置、南部门户节点、非遗文化传承载体等项目。游步道连接官岩山、吴大路村、春风长住项目,沿线自然景观优美,同时也是禅寺文化、古村文化和现代田园社区文化的链接。游步道设计凸显生态与文化双重要求,注重休憩平台、服务点等旅游服务设施的配套,并结合禅修主题设置悟禅步道、禅意茶室、禅意氧吧等活动场景。

②山林有致:包括彩色林带、南北入口节点、康养山居等项目。其中两大景观门户分别位于吴大路村的南、北两端。南入口利用山体进行设计建设,以山体为屏障,结合吴大路村和春风长住两大实体,注入古村文化、现代田园社区文化要素,增设入口标志、指示牌等小品。北入口以东西两座山体形成的峡口和现状廊亭为基础,进行环境整治,适当增加吴大路村、官岩山和春风长住文化景观。

③田园有韵:包括果圃皂结坑、湿画果岭田园综合体、春风长住田园社区、童梦田园、果蔬农场、农产品创新研发与加工厂等项目。其中果蔬农场以吴大路村周边的优质农田为基础,建设果蔬农场,作为村企联合的农产品基地。根据企业需求进行农产品种植,由企业进行加工、包装、运输和销售,形成直产直销模式,保障村民收入。

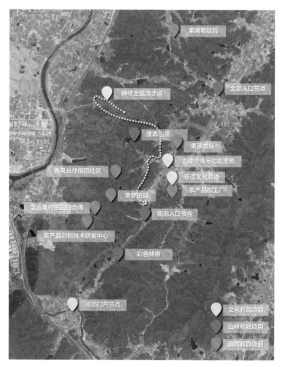

图 4-115　吴大路村项目谋划图

◉ 衢州市柯城区九华乡下彭川村

1. 基本情况

(1)村庄概况

下彭川村位于浙江省衢州市柯城区九华乡南部,距衢州城区 10 公里,北部距九华乡集镇区 2 公里,南邻万田乡集镇区 4 公里,处于两乡交界之处。本次研究范围分为村庄村域范围,面积为 245.10 公顷。主要研究内容包括村域产业规划、村庄空间规划和村庄设计三个层面。其中村庄空间规划范围主要为建设区范围,面积共 18.16 公顷。村庄设计范围主要为下彭川居民点,面积 7.20 公顷(见图 4-116)。

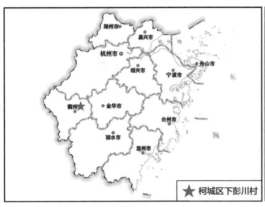

图 4-116 下彭川村区位图及鸟瞰图

资料来源:浙江省标准地图(http://zhejiang.tianditu.gov.cn/standard),审图号:浙 S(2020)17 号。

(2)产业经济情况

截至 2016 年底,村内户籍人口为 1182 人,农户 400 户;村集体年收入约 3 万~4 万元;人均年收入 1.5 万元。其中,柑橘种植是村民主要经济来源,因产业单一、竞争力弱,柑橘收入较少,村民生活相对困难。部分家庭通过养猪、外出打工、货运等副业来增加收入。村内主要特色农产品还包括西瓜、玉米等。

(3)自然环境资源

该村属于亚热带季风气候,四季分明,冬夏长,春秋短,光热充足,雨量充沛,盛夏多晴,天气炎热。村庄地处半丘陵地带,村域内缓坡山丘与田园遍布;村庄水资源丰富,棕任溪、西干渠穿村而过,棕任溪北至里龙口水库,向南汇入衢江,村域内大垅溪连接大垅水库和棕任溪,小支流遍布;鱼塘、水塘遍布,水网交织,形成独特的地域特色。

(4)现状问题总结

目前,村庄现状问题主要有三个方面:村庄整体风貌混杂、产业相对低端、村庄特色名片缺失。下彭川现有农房杂乱,人居环境一般,我们通过对农房进行年代、层数、质量与风貌的分类评价,对村庄内部可提升空间进行梳理,为下一步整治改造奠定基础。下彭川村对外形象的整体塑造薄弱,主要是对自然环境的优势资源利用不足。未良好利用棕任溪、大垅溪等自然水系,未利用现状农田进行合理的农业种植规划,导致整体产业仍然较为传统与低端。

农产品与周边地域较为相似,未形成特色名片。

2.特色概述

村庄的发展优势与村庄特色主要体现在外部提供的良好发展背景与时机、优越的自然条件、保存较好的古建筑群遗存等三方面。

(1)背景优势:衢州市全域土地整治行动、九华乡万亩中草药种植加工项目

近年来柯城区分南北两个片区谋划推进全域土地综合整治项目,北片区包括九华森林运动小镇等项目,南片区以浙八味中药产业发展基地为主。

下彭川村在该良好的发展背景与时机下,规划对接九华乡万亩中草药种植加工项目,发挥当地资源优势,积极引进资金和先进技术,加大投资扩大种植规模,创新经营理念,开拓新的市场;打造生态旅游、健康旅游、养生旅游等乡村旅游产业,推进乡村旅游产业发展。

(2)自然优势:低丘缓坡,气候宜人;水网交织,利于耕种

村落的光照、温度、降水等条件非常适宜中草药的种植。其属于亚热带季风气候,四季分明,冬夏长,春秋短,光热充足,雨量充沛。地形处半丘陵地带,村域内缓坡山丘遍布,农田与山林相间,阴坡阳坡俱备,适宜多种类型的中草药生长。同时水资源丰富,棕任溪、西干渠穿村而过,向南汇入衢江,村域内大坞溪连接大坞水库和棕任溪,小支流遍布;水网交织,形成独特的地域特色。良好的自然优势条件为发展中草药种植产业奠定了基础(见图4-117)。

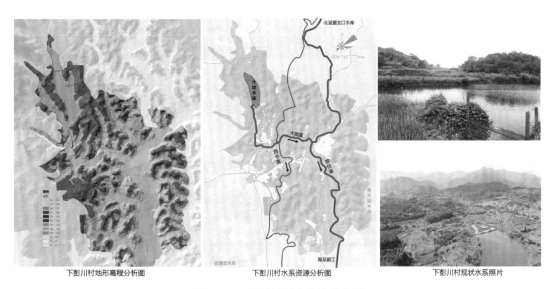

下彭川村地形高程分析图　　下彭川村水系资源分析图　　下彭川村现状水系照片

图 4-117　下彭川村自然优势分析

(3)历史遗存:宗祠与古建筑群遗存,具有一定开发利用价值

村庄居民点内现存一座宗祠、一处古建筑群,具有典型的浙西民居风貌,但建筑质量不佳,亟待修复整治。现有宗祠占地约 700 平方米,为坐东朝西的四合院形式,建筑形式古朴,但年久失修。古建筑群以村中古街巷为核心呈两侧分布,两侧古建筑形式优美,修缮修复后具有整体开发利用价值。结合村内中草药种植基地建设,村内古街巷及古建筑群可改造利用为旅游服务、商业服务设施,激发老村活力。

产业经济特色·农业生产型

3.规划策略

针对村庄未来产业发展及村庄建设方向提出以下规划策略。

(1)确立总体目标定位:休闲养生百药园,现代田园下彭川

下彭川村未来产业发展方向以现代化新型农业、农产品加工业为引领,配套旅游业、商业等乡村第三产业。本次规划确立发展总体目标为:打造以草花果蔬四大园区为特色的长三角知名"田园综合体",省内集中草药种植、研发、康养运动于一体的乡村旅游示范点。形象定位为"休闲养生百药园、现代田园下彭川"。

(2)确立"1+2+3"三产联动发展模式,构筑发展战略体系

本次规划提出"1+2+3"三产联动发展策略,打造"中草药种植—研发加工—乡村休闲旅游"的完整产业链,形成"一产为基石、二产为支撑、三产为引擎"的发展模式。其中"1"即一产(农业),包含中草药种植、果蔬种植、花卉种植等;"2"即二产(研发加工),包括中草药研发、育种和加工等;"3"即三产(休闲旅游),包括中草药展示教育、药园体验、休闲观光、健康运动、中草药销售、果蔬采摘等。在确立并形成"1+2+3"三产联动发展模式的基础上,构建"三大基地、十二平台"战略体系(见图4-118)。

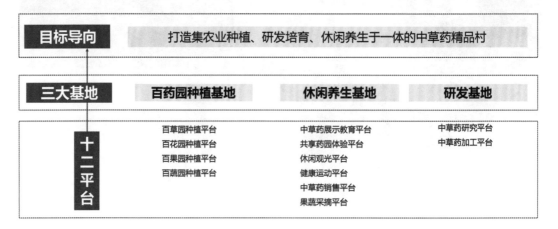

图4-118 下彭川村产业发展分析

(3)确立产业空间布局,开展全域旅游规划

在明确目标定位与产业发展模式的基础上,我们确立产业空间布局,以百药园种植基地、休闲养生基地、研发基地等三大基地为核心内涵,划分六大功能片区,包括百草园种植片区、百花园种植片区、百果园种植片区、百蔬园种植片区、休闲养生片区、研发加工片区;同时对六大功能片区内部具体项目进行详细规划与落点(见图4-119)。

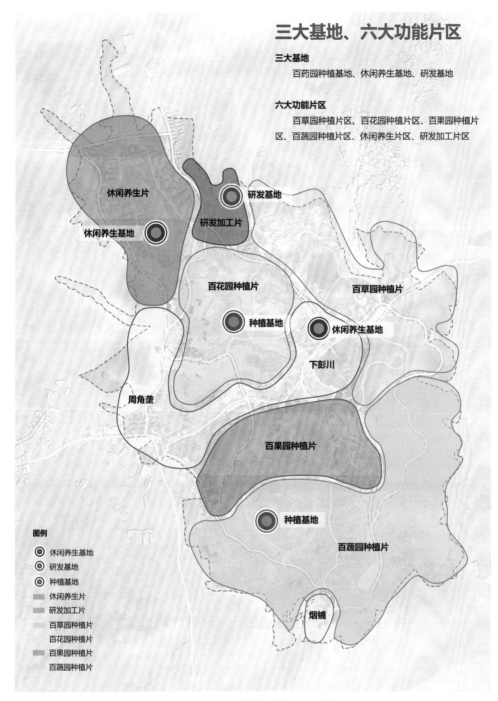

图 4-119　下彭川村产业空间布局

对下彭川村开展全域旅游规划(见图 4-120):以骑行道串联整个村庄,形成体验游览活动的主要游线,并从旅游环线出发进行延伸,规划多条旅游支线,联系村庄及周边四个园区的旅游景点,促使全域旅游联动发展。最终形成两环多支、四园联动的旅游规划结构。

图 4-120　下彭川村旅游规划

4. 空间营造

为尊重村庄原有肌理和景观风貌,保留村庄特色,营造舒适宜人的居住环境,在下彭川村总体布局设计中,提出以下空间设计策略(见图 4-121,图 4-122)。

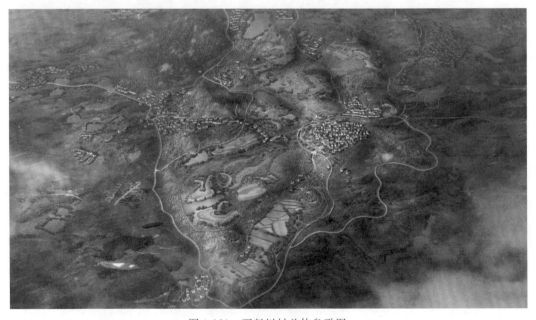

图 4-121　下彭川村总体鸟瞰图

产业经济特色·农业生产型

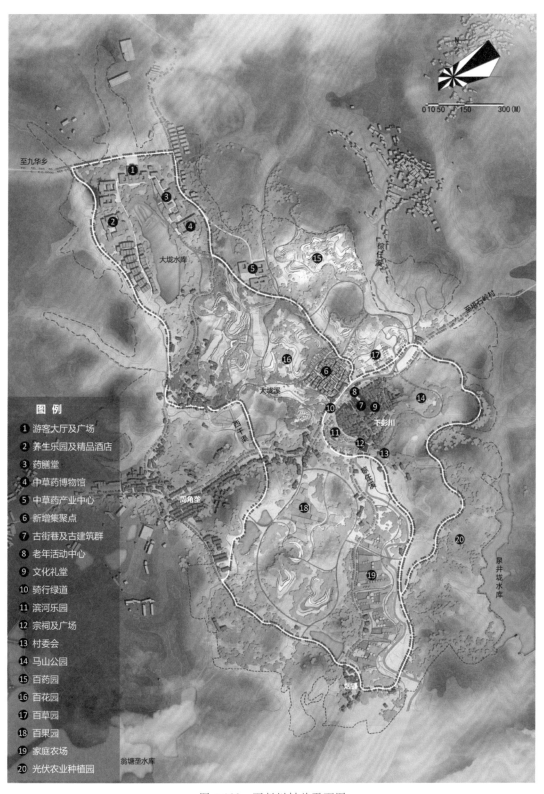

图 例

1　游客大厅及广场
2　养生乐园及精品酒店
3　药膳堂
4　中草药博物馆
5　中草药产业中心
6　新增集聚点
7　古街巷及古建筑群
8　老年活动中心
9　文化礼堂
10　骑行绿道
11　滨河乐园
12　宗祠及广场
13　村委会
14　马山公园
15　百药园
16　百花园
17　百草园
18　百果园
19　家庭农场
20　光伏农业种植园

产业经济特色·农业生产型

图 4-122　下彭川村总平面图

①利用水系田地,塑造风情乡村。村庄设计范围内水网密布,溪流、池塘、水库交相呼应。村庄周边被广阔田园包围,自然环境优美。在总体布局设计中,充分考虑村庄地形地势,结合中草药种植产业,塑造百草园、百花园、百果园、百蔬园,并充分利用村庄周边溪流棕任溪,提升水质,改善周边环境,增加观景亭、休憩平台等景观元素,营造极具乡村风情的景观。

②梳理街巷肌理,凸显传统文化。村庄现有建筑风貌虽然新旧不一、差异明显,但其内部仍保留着肌理完好、传统气息浓厚的街巷,是村庄传统特色的重要元素。在总体布局设计中,应梳理出体现传统特色的元素,通过保留村庄街巷肌理、整理街巷结构,凸显出下彭川村的街巷脉络与传统历史痕迹。同时,对下彭川村遗存的古建筑进行修缮,根据村民意愿对村内大宗祠进行原址重建,打造古宅深巷节点。

③整合节点空间,营造丰富景点。充分利用村庄周边优美的自然环境及村中心保存较好古建筑群,整合公共空间,形成七大景观节点,分布于村庄慢行系统周边。在总体布局设计中,充分考虑节点空间对平面布局的重要性,整合各个节点空间之间关系,通过针对性设计,营造丰富多样的景观。

4.3.2　休闲旅游型特色村

◎ 衢州市柯城区九华乡妙源村

1. 基本情况

(1)村庄概况

妙源村位于柯城区九华乡东北部(见图 4-123)。东面山峰与云头村梓树山接壤,西面山峰接壤七里乡,南接茶铺村,北与坞口村相邻。村庄处于庙源溪上游,依山而建,溪水穿村而过。依靠万坞线与衢州主城区相连,距离主城区约 20 公里。该地区属亚热带季风气候区,四季分明,冬暖夏凉。村庄位于庙源溪上游,是庙源溪发源地之一。

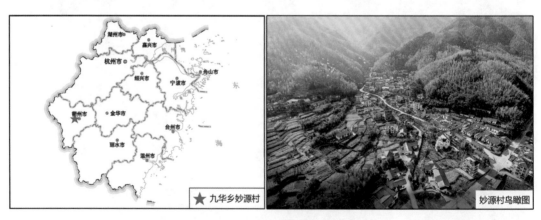

图 4-123　妙源村区位图及鸟瞰图

资料来源:浙江省标准地图(http://zhejiang.tianditu.gov.cn/standard),审图号:浙 S(2020)17 号。

村庄由外陈村与寺坞村合并而成。截至 2018 年底,村内共有农户 378 户,户籍人口928 人。全村山林面积 13814 余亩,其中 6000 多亩为毛竹林。因森林覆盖率高,妙源村入选第一批国家森林乡村名单。

村庄位于庙源溪上游,是庙源溪发源地之一。溪流穿村绕舍而过,带一弯清澈汇入信安湖。村庄青山环绕,东侧有梧桐峰、西侧为天台山仙人峰,南侧为百丹坪,珠海叠翠,气候宜人。

(2)历史文化

该村是农耕文化传承的代表地区,拥有世界级非物质文化遗产"九华立春祭"。2016 年我国"二十四节气"被列入联合国非遗名录,其中"九华立春祭"代表了二十四节气之首的"立春"。每逢立春,妙源村都会举办梧桐祖殿祭春神句芒的庙会。村内的梧桐祖殿是浙江省唯一保存完好的春神殿。村内还有多处保存较好的传统建筑,也有风貌完整的传统建筑群。2019 年,妙源村被列入中国传统村落名录。

(3)现状问题

现状问题表现在三个层面:产业发展遇到瓶颈、历史保护欠佳、建设风貌杂乱。首先,妙源村靠山吃山,依托"九华立春祭"发展了民宿、农家乐等休闲旅游产业,但客流量主要集中于立春祭当日,具有时限性,游客黏性不足。其次,村内拥有丰富的历史要素遗存,但对传统风貌建筑、遗址遗迹等保护力度不足,传统风貌正逐渐消逝。最后,村庄内部现代建筑风貌与传统风貌交杂,整体风貌较为杂乱。本次规划着重针对村庄产业发展、历史保护、风貌提升提出切实可行的规划方案。

2. 特色概述

村庄拥有良好的自然环境条件、丰富的历史文化资源,具有发展休闲旅游产业的良好基础。

(1)特色鲜明的文化内涵:世界级非物质文化遗产"二十四节气"之"九华立春祭"

梧桐祖殿是我国唯一一处保留至今、供奉春神的殿宇。九华立春祭已有二千多年的历史,2005 年立春,沉寂 40 余年的立春祭在各界有识之士的共同努力下得以重新举办。此后,村内每年都会举行一年一度的立春祭祀大典(见图 4-124)。

图 4-124　妙源村立春祭活动展示

产业经济特色·休闲旅游型

此外，村庄的传统格局保存良好，现存有市级文保单位梧桐祖殿和吴氏民居，这些建筑群组充分展现了村庄的传统风貌。村内还保留了丰富的历史遗存，三座古桥横跨溪水之上，河中溪水常流，村边古树林立。

（2）适宜休闲旅游产业发展的生态环境：山清水秀的自然环境和舒适宜人的山地小气候

该村属亚热带季风气候区，四季分明，冬夏长，春秋短，光热充足，雨量充沛，盛夏多晴热，年均气温15℃。庙源溪穿村绕舍而过，带一弯清澈汇入信安湖。环绕的青山和潺潺流淌的溪水，形成了舒适宜人的山地小气候（见图4-125）。村庄依山谷居、绕溪而建，周边环境原始野趣，拥有得天独厚的生态资源禀赋，适宜发展山林休闲、生态康养等旅游产业。

（3）夯实的产业基础：民宿发展初具规模

全村群山如黛，竹海叠翠。常年外出打工者占村总人口的三分之一，除此之外，村民靠山吃山，开农家乐、加工竹制品、卖冬笋春笋等是村民主要的收入来源。在美丽宜居示范村和3A级景区村建设启动后，村庄建设日益加强，吸引了十几家民宿的进驻（见图4-126）。

产业经济特色·休闲旅游型

山溪潺潺　　　　　　　　田园村居

传统民居

云山竹海

图4-125　妙源村景观风貌现状

农产品——笋

民宿

春糕馆

竹制品加工

民宿

农家乐

图 4-126　妙源村产业现状图

3. 规划策略

(1)发展定位:确立产业发展主导方向,明确未来发展总体定位

综合考虑村庄现实发展条件和良好的生态景观条件,规划打造以立春祭游赏为主,集文化体验、乡村度假、山林休闲于一体的中国二十四节气特色村。总体定位为:打造国家春祭第一村和山林休闲精品村。旅游形象定位为:春神同乐,四季共赏,妙源传情。

(2)产业体系:构建"一主三辅"产业体系,打造以三产为主的四季旅游产业链

以发展目标为导向,构建"一主三辅"产业体系。一主即"春祭"主要产业主题,三辅即"夏凉""秋报"和"冬雪"三大辅助产业主题。

①塑造"春祭"主要产业主题。围绕立春祭文化,打造知春、望春、游春三个层级内涵。a.打造知春即春的故事。立春祭历史文化悠久,立春为"二十四节气"之首,自古以来各地皆有供奉春神句芒的传统。妙源梧桐祖殿是我国现存唯一供奉春神的殿宇,九华立春祭是农耕文化的重要表象。b.建设望春即春的景观(见图 4-127)。打造玉兰迎宾、迎春报春、牡丹春色、泥牛春耕和雨后春笋五大春天景色。c.安排游春报春的活动。规划春日游线,策划春日活动项目(见图 4-128)。具体项目详见表 4-3。

表 4-3　春日活动项目策划

春日一天	活动项目
上午	品春—春糕馆、敬春祈愿、春播—农事体验、梧桐静居
中午	祭春斋饭、农家美食、山泉禅舍
下午	春神寻踪、牡丹园、山泉禅舍、古屋观景
晚上	农家美食、梧桐祖殿观戏、山林民宿住宿

产业经济特色·休闲旅游型

图 4-127　春的景观分析

②拓展夏秋冬时节旅游活动,打造以三产为主的四季旅游产业链。策划以春为主、夏秋冬为辅的特色时节旅游活动,延长旅游时节,实现全时段皆宜游,构建"四季共赏、十六项活动"。四季共赏分别为"春祭""夏凉""秋报""冬雪"。具体项目详见表4-4。

表 4-4　四季旅游活动项目策划

四季共赏	春祭主题	夏凉主题	秋报主题	冬雪主题
十六项活动	立春祭系列活动	避暑度假	秋报还愿	古屋观景
	赏春观牡丹	山溪戏水	秋收采摘	廊桥观雪
	品春尝美食	深谷纳凉	登高寻仙	古屋写生
	敬春祈愿	竹林赏瀑	山林漫步	
	春播农事体验			

(3)产业落位,构建完整闭环旅游系统

规划形成"一环、多支、多景点"的空间结构(见图 4-129)。"一环"即主要环线,串联外陈村、寺坞村、梧桐峰、仙人峰,涵盖了四季游览主题的最主要游览景点。"多支"即除主要环线外的多条支线。"多景点",即春日游览景点:敬春祈愿、品春—春糕馆、春神寻踪等;夏日游览景点:深谷纳凉、竹林赏瀑、山溪戏水等;秋日游览景点:秋报还愿、山林漫步、秋收采摘等;冬日游览景点:古屋观景、廊桥观雪、古屋写生等。

图 4-128　春日活动规划　　　　　　　　　　图 4-129　旅游规划

（4）空间结构：产业主导的功能分区和空间结构

根据现状地形地貌，本着尊重自然、保护环境、以人为本的思想，规划营造良好的产业发展空间结构，重塑高质量居住环境和独特景观风貌。形成"三心、两轴、三片区"的空间结构（见图 4-130）。"三心"即旅游接待中心、外陈服务中心和寺坞服务中心；"两轴"即滨溪发展主轴和滨溪发展次轴；"三片"区即外陈文旅休闲片、寺坞度假休闲片和岭后生态宜居片。

（5）景观系统：结合旅游系统，打造四季共赏的景观风貌

重点围绕主要游线、旅游景点，规划形成"两带、五片、多节点"的景观结构（见图 4-139）。打造契合春神同乐、四季共赏主题的景观风貌。"两带"即一主一次滨溪景观带；"五片"即田园村居景观片、传统民居景观片、生态村居景观片、山地民宿景观片和云山竹海景观片；"多节点"即主要的自然、田园景观节点和人文展示节点。

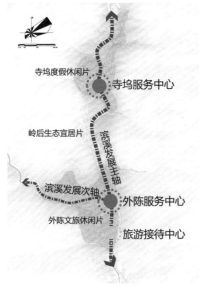

图 4-130　妙源村空间结构规划　　　　　　图 4-131　妙源村景观系统规划

产业经济特色·休闲旅游型

4. 空间营造

（1）腾挪产业用地，落实产业项目，合理安置村民

现状用地布局基本保持不变，主要进行局部的用地性质调整，更新存量用地，以满足产业发展的用地需求；新增少量交通设施和公用设施用地，完善配套设施；解决用地性质调整后的居民安置问题。

在平面布局上提出"三大板块、六项支撑、十二行动"的设计思路框架。三大板块即总体风貌全面提升、建筑风貌保护与改善、景观风貌改造与控制；六项支撑即村落整体形象提升，建筑分类保护和整治方式控制，传统建筑修缮修复、再利用，重要传统建筑周边环境整治提升，村内公共广场与绿地改造，村内重要街巷、林道、水系景观提升（见图4-132）。

图 例

❶ 梧桐祖殿
❷ 春祭广场
❸ 旅游服务中心
❹ 古建筑群
❺ 梧桐静居
❻ 春田小景
❼ 苏氏宗祠
❽ 登山入口
❾ 老巷物语
❿ 林道物语
⓫ 吴家老宅
⓬ 百年古樟树
⓭ 山林民宿群
⓮ 农家乐
⓯ 廊桥

图 4-132　妙源村总平面图

（2）自然环境与村庄环境全面提升，实现筑巢引凤

①古街与林道风貌提升。规划完整保留了村庄既有传统肌理，对部分风貌遗存完好的内部街巷进行保护。对部分已完全硬化、风貌较为杂乱的街巷进行改造，主要改造范围为外陈村西侧传统建筑群片区。主要采取净化、洁化街巷整体环境卫生，将已完全硬化的水泥路还原为传统铺装，对两侧传统古建筑进行修缮维护，适当增加色彩明快的乡土植物，烘托氛围，实施点缀篱笆、陶罐景观小品等改造提升措施（见图 4-133）。

巷道改造效果图　　　　　　　　　　　　　　林道改造效果图

图 4-133　街巷与林道改造效果

②河道风貌保护提升。庙源溪是村庄最重要的河流，河道景观风貌自然质朴，构成了村庄独特的格局。因此，针对河道风貌保护与提升提出针对性策略。a. 巩固前期五水共治成果，努力构建全民保护河道、美化河道的长效机制。b. 持续保护河道现有优美风貌，维护周边绿化景观。包括对古埠头、石桥、拱桥等具有历史风貌和故事的构筑物进行定期清洁与质量维护，对河道两侧风貌不和谐建筑进行立面整治提升（见图 4-134）。

③春祭广场节点设计。对春祭广场即外陈村梧桐祖殿周边环境改造。梧桐祖殿东侧建成占地约 1200 平方米的大型广场，供立春祭游客聚集活动使用，并对遗留空地进行简单的铺装设计、景观绿化小品设计。北侧空地设置树池，提供树下休憩空间。南侧古建筑周边增加绿化，点缀乡土植物，并增加景观小品，体现春祭主题（见图 4-135）。

图 4-134　河道风貌图　　　　　　　　　图 4-135　春祭广场效果

　④梧桐静居节点设计。梧桐静居即外陈村最主要的古建筑群片区,现有古建筑数量大、风貌和谐统一,但是周边景观环境较为杂乱,几处围合院落无观赏性。设计选取该片区静思院、和乐院、春景院三处主要院落,对其进行景观改造。其中静思院围合性最强,改造其铺装,增添假石等中式造景部件,烘托静谧的氛围。对和乐院铺装进行改造,增设花架凉亭,供游客休憩、村民交谈。对春景院以竹篱笆与竹门围合出入口,对其内部绿化进行重新搭配引导(见图 4-136)。

　⑤登山入口节点设计。登山入口处现状无明显标识,缺乏引导性,不利于村庄远期开发山道健身项目。设计结合地势,充分利用周边古樟树的遮阴作用,划出占地约 120 平方米的小广场,供游客停留汇集。并于入口设置竹廊,增强引导性。古树前场设置高低变化的垒石景墙,介绍村庄历史文化。同时,设计利用周边田地打造田园景观,使登山口周边具有良好整体的景观环境(见图 4-137)。

图 4-136　梧桐静居效果

图 4-137　登山入口效果

4.3.3　文化创意型特色村

◎ 萧山区闻堰街道老虎洞村

1.基本情况

(1)村庄概况

老虎洞村坐落于杭州市萧山区闻堰街道之东、湘湖新城中部,是湘湖周边留存不多的村庄之一。老虎洞背靠老虎洞山,因此得名。周边三大特色小镇未来智造小镇、湘湖金融小镇、湘湖演艺小镇相环绕,是湘湖新城未来产业发展的重要区块。本案研究范围为老虎洞村村庄建设区域,范围约 20 公顷,北至老虎洞山山脚,南至东风河岸。村庄面向湘湖呈长条形展开,展开面长约 2 公里;村庄中部拆违清危后遗留 1 公顷空地待利用。如何利用村庄既有资源与空间格局、确立产业发展方向、提升村庄环境是本次研究的重点内容(见图 4-138)。

(2)历史沿革

闻堰历史可追溯至新石器时代,汉朝闻堰属会稽郡;元代称为四都;民国 19 年闻堰称镇,2014 年行政区划调整设立闻堰街道办事处。自汉代以来就有百姓在老虎洞山脚下生活,更有此处为越王勾践卧薪尝胆之处的传说典故。

图 4-138　老虎洞村区位图及鸟瞰图

资料来源：浙江省标准地图(http://zhejiang. tianditu. gov. cn/standard)，审图号：浙 S(2020)17 号。

（3）自然环境优势

老虎洞村背靠老虎洞山，面朝湘湖水，自然优势资源显著。湘湖是国家 4A 级景区，集湖光山色于一体，历史积淀深厚，人文景观丰富。老虎洞村与湘湖景区仅一路之隔，更是湘湖莼菜的发源地，具有发展湘湖景区村得天独厚的优势。

老虎洞山景区面积约 190 万平方米，怪石嶙峋，属于独特的褶曲地理景观。山上有一处莲花寺，古时为"湘湖八景"之一，重建于清道光年间，依山随势，殿宇错落有致，不拘形式。莲成寺不仅是香火甚旺的佛门圣地，更是人们旅游观光的好去处。

（4）社会经济情况

截至 2019 年底，老虎洞村有常住人口 2418 人，出租户 293 户，外来人口 3165 人。为配合湘湖开发，全村耕地和山林都已收储。目前村民收入主要依靠企事业单位上班和种植苗木。

2. 特色概述

老虎洞村自然环境优美、文化积淀丰富，其核心特色主要体现在三方面，即景区带动村庄发展、湘湖莼菜产业积淀的优势特色，以未来乡村先进发展理念为代表的创新特色，以及以古越文化为代表的历史文化特色。

（1）景区带动村庄发展、湘湖莼菜产业积淀的优势特色

村庄周边湘湖景区、闻堰码头景区资源带动了老虎洞村旅游业初期发展。进入 21 世纪，闻堰的万达路、闻兴路先后形成"江鲜一条街"，居民游客汇集闻堰品尝江鲜，餐饮业迅速崛起，对老虎洞村当前旅游业的发展起到积极的促进作用。

同时，老虎洞村是传统特产湘湖莼菜的发源地。1988 年起老虎洞村被浙江省列为农产品主要生产出口基地，至 2000 年湘湖莼菜种植年产量达 150 吨。湘湖景区开发后，莼菜基地逐渐缩小，原厂外迁，目前在"湘湖问莼"处仍有种植。积淀悠久的莼菜产业是老虎洞村未来发展的优势之一（见图 4-139）。

（2）以未来乡村先进发展理念为代表的创新特色

村庄创新文化主要体现在先进的村民自治及未来乡村智慧社区发展理念实践中。首先，老虎洞村两委班子及居民代表在闻堰街道派出所与街道综治科的指导下，制定"五福临

图 4-139　老虎洞山与莲花寺照片资料；湘湖莼菜羹

门"集福牌活动方案，通过集福积分换物的形式，调动村民自治积极性，初步实现一定程度上的村庄自治，近几年来取得了示范性效果，老虎洞村被评为 2019 年度浙江省善治示范村。同时，闻堰街道以"智慧小区 8＋N"为标准，顺势打造老虎洞村智慧村庄建设，已集齐智慧消防系统、智慧租房管理、智能门禁系统、车辆自动识别系统、人脸识别系统、视频监控系统六大智慧系统，实现刷脸入村。

（3）以古越文化为代表的历史文化特色

村庄历史可追溯至汉代，唐宋时期曾隶属绍兴府萧山县，这里完好地继承了古越萧绍文化衣钵。明代诗人刘宗周撰联："此地曾传尝胆事，我来犹忆卧薪人。"故有此处为春秋战国时期越王勾践卧薪尝胆处的传说典故。此外，老虎洞山景色优美，上有一处当地的佛教古刹莲花寺。2000 年，莲花寺作为中国千座名刹入选《中华佛教二千年》经典纪念画册。

3. 规划策略

依据老虎洞村优势资源与文化特色，提出规划策略。

（1）确立村庄发展目标与定位：浙江省乡村产业创新策源地、乡村未来社区样板

老虎洞村作为湘湖景区的延伸段，是典型的景区村庄。但村应不应局限于依托景区，而应自成一景，创造自我吸引力；并于"社区营造"的层面来考虑其整体环境改善问题。规划结合老虎洞村的核心特色、周边景区资源、产业资源，规划首先确立村庄发展目标与定位。

结合既有的先进治理成果，规划提出"五福自治、五美社区、五维创新"的村庄形象定位；确立"老虎洞风光带、文创旅引力极"的村庄功能定位。改变老虎洞村目前景区红利不享的局面，从"景村分离"迈向"景点地标"，旨在打造一个湘湖周边游驿站型村庄、游栖食居首选地。在村庄品牌 IP 塑造上，从"文化不响"迈向"文化纽带"，通过融合古越文化、佛学文化、湘湖文化、闻堰码头文化及新时代下的乡村文化，打造一个贯通古今的文化创意型村庄。在产业发展上，从"薄弱单一"迈向"产业引擎"，提出乡村文创商旅等多元产业协同发展战略，增强村庄自身造血能力，形成产业智慧链，最终将其打造为浙江省产业提升示范村、乡村未来社区样板区（见图 4-140）。

（2）两大引擎三大路径，激活村庄产业

把握村庄优势资源，判断未来乡村发展趋势，导入适合老虎洞村长远发展的乡村新型产业。以乡村现代旅游业、数字文创类新型产业为两大引擎，以智慧旅游、农居经营、乡村办公为三大路径，宏观上形成产业发展思路，微观上对业态进行详细规划，并启动村庄整治改造项目，为产业落地奠定良好的空间基础。

产业经济特色·文化创意型

图 4-140　老虎洞村形象定位分析

①路径一：智慧乡村旅游。通过串联湘湖景区、老虎洞村公园景区、老虎洞山景区，形成南北向"老虎洞风光带"，建设共享骑行驿站，将游客导入村庄（见图 4-141）。以古越文化为乡村的核心 IP，以数字化智慧乡村景点营造为亮点，打造星空公园、古越商业街、滨河文化街等重要旅游节点。其中，近期建设闻堰星空公园，策划老虎洞夏季文化节，以"5G＋AR 全息投影技术"展现古越星空秀，周边打造夜间美食街，包揽闻堰江鲜、湘湖莼菜、萧山老酒等本土特产，实现"白＋黑"旅游循环模式。公园内配备未来乡村体验馆，集 VR 体验、智慧医疗、线上生活服务、五福积分兑换商店、电子图书馆等功能于一体，既服务老百姓生活需求，又展现未来乡村新貌，最终打造省内智慧村庄创新旅游目的地、参观目的地。

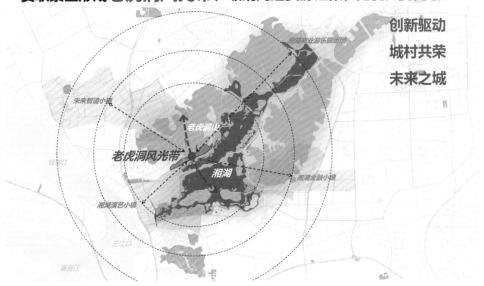

图 4-141　老虎洞村庄产业发展分析

②路径二：农居经营模式创新。老虎洞村毗邻湘湖景区与三大特色小镇，周边就业岗位多、人才引力大，目前村内有近 300 户出租户，3000 多外来人口长住。通过对农房进行内外改造，打造长租公寓的运营模式，村民自组运营团队，以单间的形式出租给周边有需求的上班人士。充分利用湘湖景区红利资源，鼓励村民将自建房改造或整体出租开展民宿、农家乐经营，出售莼菜等本土特产。推进乡村数字化水平，鼓励线上经济，利用电商与直播平台推广老虎洞村庄文化并实现增收。同时村内增设多个物流驿站，服务于村民、外来租客。

③路径三：文化艺术类乡村办公。沿东风河打造文化街，引入非遗文化展示、传统技艺与艺术工坊、老虎洞美食馆等业态，吸引乡村艺术类、旅游创业类人才入驻办公。近期村庄内部形成小范围的文创园区，在不改变产权性质的前提下，通过农居 SOHO 空间的租赁、招商引入文创团队创业或办公。原住村民成为房东，从原来从事第一产业变为从事现代服务业，参与文创产业的发展，助力产业实现转型升级。远期打响知名度后，吸引创业团队与艺术家进驻乡村，以"艺术接入乡村"的方式振兴乡村文化，并形成组团式的多个文创产业片，通过空间改造为办公团队、艺术家、创作团队提供高品质的文创环境。

（3）乡村未来社区营造，智慧技术植入

老虎洞村具有发展乡村未来社区的现实基础与优势条件。在远期发展引导中，规划提出建设老虎洞村未来邻里、未来创业、未来治理三大亮点场景，依托既有的集"五福"互助积分服务，进一步推进智慧治理与公民参与，塑造邻里共享空间，推动乡村邻里文化再生。以乡村 SOHO 办公、长租公寓、艺术家常驻工作室、24H 触媒共享客创平台等新型乡村创业模式，推动老虎洞村产业链发展。近期建设星空公园、老虎洞未来乡村体验馆、滨河文化街，导入前沿智慧技术。在远期建设中，逐步投入更多智慧技术、绿色技术的运用，如无人驾驶电瓶车、智慧路灯、智慧安防、智慧公共厕所、5G 行径追踪、AR 全息投影、海绵城市与绿色建筑技术等。

4. 空间营造

（1）总体设计策略

①拆违清危、空间重组。通过调研，规划对现状农房进行等级评价，拆违清危，释放空间，重新利用既有场地进行重组设计，以入口公园形成空间释放口，产生节奏感。

②分区优化、突出重点。规划以产业核心发展片区为样板区，以高品质、文化性、出样板为目标，塑造以古越文化为核心的乡村 IP。两侧村居生活片以整体环境提升为目标，塑造风貌和谐、景观有致、整洁宜居的生活环境。

（2）核心区详细设计

村庄核心区设计包括主入口、古越商业街、星空公园等三部分内容（见图 4-142）。

①村庄主入口设计：主入口山形景观标识与远处老虎洞山形成对景，通过对星空公园两侧建筑进行立面改造、桥面及河边环境统一设计，整体营造古越文化乡村风貌（见图 4-143）。

②古越商业街设计：两侧建筑立面以古越建筑风貌为蓝本进行改造，对每一幢建筑进行具体的业态规划，植入餐饮农家乐、湘湖骑行驿站单车租赁、超市、半室外咖啡吧等多种功能（见图 4-144）。

③星空公园设计:公园占地面积约 1 公顷。设计对场地进行整体考虑,形成南侧广场、北侧公园的格局,地标景点化设计,引领未来乡村新风尚。南侧星空广场日常服务于村民活动,节假日作为景区宣传广场使用,规划于广场上设置古越文化体验馆,以传统偏新中式的设计手法,内部展示古越文化、植入 5G 体验室、共享健身房、音乐室、咖啡图书吧,供村民和游客使用。节假日广场上进行全息投影演出。北侧公园以绿色生态健康为主题,配设休憩设施,提供人们一个可赏景、可健身运动、自在放松的氧气公园(见图 4-145)。

图 例

❶ 主入口景观
❷ 星空广场
❸ 彩虹乐园
❹ 未来乡村体验馆
❺ 春园粉桃
❻ 花廊
❼ 秋园红枫
❽ 休憩小广场
❾ 许愿树
❿ 老虎洞美食馆
⓫ 生活便利站
⓬ 纪念品土特产超市
⓭ 半室外咖啡吧
⓮ 共享骑行驿站
⓯ 文化商店
⓰ 乡村创业区入口
⓱ 古越文化小广场
⓲ 酒文化广场
⓳ 石台门小公园
⓴ 长租公寓
㉑ 乡村SOHO办公
㉒ 老虎洞幼儿园
㉓ 农家乐/民宿
㉔ 共享菜地
㉕ 停车位
㉖ 垃圾中转站
㉗ 地下停车场出入口

图 4-142　老虎洞村核心区平面图

图 4-143　老虎洞村主入口节点效果

产业经济特色·文化创意型

151

图 4-144　古越商业街效果

图 4-145　星空公园效果

附录 A　村庄营造过程实践照片

图 A-1　丽水市松阳县雅溪口村村庄规划与设计项目组调研(2015.6)

图 A-2　丽水市莲都区高速沿线村庄(洪渡村)农房立面整治提升建设指导(2016.5)

图 A-3 衢江区湖南镇破石村传统村落保护与发展规划项目组调研(2017.1)

图 A-4 舟山市定海区小沙街道光华村村庄规划与设计项目组调研(2016.5)

图 A-5　安吉县梅溪镇昆山东片美丽乡村精品示范区规划(三山村)项目建设指导(2018.3)

图 A-6　金华市浦江县郑家坞镇吴大路村产业发展规划项目现场汇报(2020.5)

改造前

改造后

图 A-7　丽水市莲都区高速沿线村庄(洪渡村)农房立面整治提升建成实景(2016.9)

改造前　改造后

图 A-8　丽水市莲都区高速沿线洪渡村村入口景墙改造建成实景(2016.9)

图 A-9　东阳市湖溪镇马上桥村村庄环境提升施工现场(2018.10)

提升前　提升后

图 A-10　嵊州市王院乡丰田岭村山王居民点小公园景观提升前后对比（2016.11）

改造前　改造后

图 A-11　东阳市湖溪镇马上桥村水塘景观改造前后对比

改造前 | 改造后

图 A-12　东阳市湖溪镇马上桥村红曲酒作坊建造前后对比

改造前 | 改造后

图 A-13　东阳市湖溪镇马上桥村村东入口景观提升前后对比

改造前 | 改造后

图 A-14　东阳市湖溪镇马上桥村沿街立面改造前后对比

附录 B　历史文化型村庄历史建筑保护与修复示例

历史建筑保护修复一览表			
序号	01	使用功能	祭祀
名称	大王殿	占地面积（m²）	72.7
保护类型	保护修缮	建筑面积（m²）	72.7
建筑年代	明代	空间布局	一进三开间
建筑结构	木结构	建筑层数	1
建筑描述	木结构寺庙，木墙黑瓦，建筑结构布局保存完整，建筑梁柱、牛腿、雀替等保存良好，细部雕刻精致，保存尚佳。外立面表皮较为陈旧，需保护修缮。		
价值特点	村内古迹，重要历史要素，以及宗教信仰聚集处。		

保护与整治措施	
保护本体	规划对建筑保护本体进行保护，修复外立面破碎的墙面和构建，加强结构，作为传统古建筑典范进行展示。
保护范围	保护建筑的保护范围内严格控制建筑的原有高度，历史建筑与历史环境要素不允许拆除与改变，必须按照原风貌修缮。周围建筑也须按照原风貌修缮。
建设控制地带	保持原有巷弄尺度、比例。新增建筑高度控制在檐口高度 3.5 米以下，建筑形式为坡屋顶，体量不宜过大，颜色以黑、白、灰为主色调。

图 B-1　岭五村大王殿保护与修护情况

历史建筑保护修复一览表			
序号	02	使用功能	祭祀
名称	观音阁	占地面积（m²）	129.9
保护类型	保护修缮	建筑面积（m²）	129.9
建筑年代	1944 年重修	空间布局	一进三开间
建筑结构	砖结构	建筑层数	1
建筑描述	砖结构寺庙，白墙黑瓦，建筑结构布局保存完整，建筑梁柱、马头墙等保存良好，细部雕刻精致，保存尚佳，外立面表皮较为陈旧，设施较为杂乱。		
价值特点	村内古迹，重要历史要素，以及宗教信仰聚集处。		

保护与整治措施	
保护本体	规划对建筑保护本体进行保护，修复外立面破碎的墙面和构建，加强结构，作为传统古建筑典范进行展示。
保护范围	保护建筑的保护范围内严格控制建筑的原有高度，历史建筑与历史环境要素不允许拆除与改变，必须按照原风貌修缮。周围建筑也须按照原风貌修缮。
建设控制地带	保持原有巷弄尺度、比例。新增建筑高度控制在檐口高度 3.5 米以下，建筑形式为坡屋顶，体量不宜过大，颜色以黑、白、灰为主色调。

图 B-2　岭五村观音阁保护与修护情况

历史建筑（构筑物）保护修复一览表				区位	建筑照片
序号	04	使用功能	祭祀先祖		
名称	追远亭	占地面积（m²）	45.1		
保护类型	保护修缮	建筑面积（m²）	135.3		
建筑年代	清代重修	建亭方式	平地建亭		
建筑结构	砖结构	建筑层数	3		
建筑描述	追远亭共三层六个面，青瓦白墙，吻兽伏脊，飞檐翘角，每层六只亭角整齐划一，三层亭面，错落有致。				
价值特点	村内古迹，重要历史要素，一直以来都是岭下朱的标志性建筑，也是当地村民祭祀先祖、追念先贤及文人聚集之所，见证一方古镇淳朴的民风与斑斓的历史。				

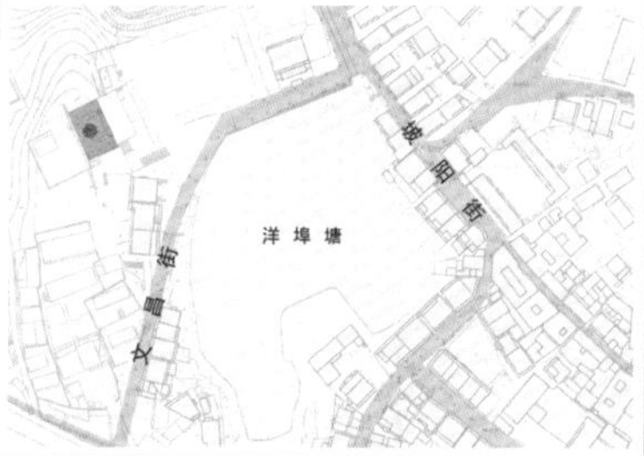

保护控制图	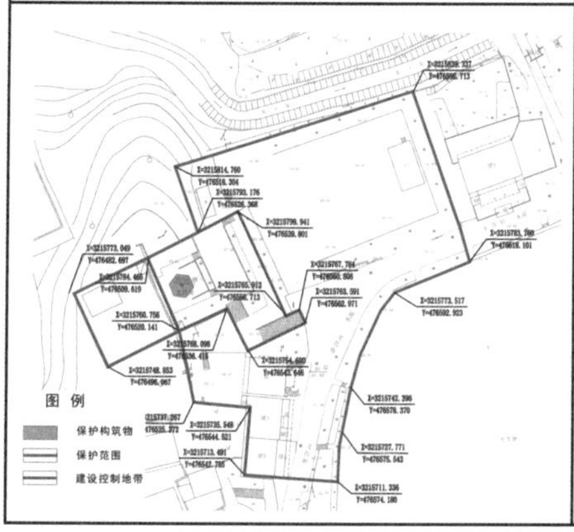	保护与整治措施		
		保护本体	规划对建筑保护本体进行保护，修复外立面破碎的墙面和构建，加强结构，作为传统古构筑物典范进行展示。	
		保护范围	保护构筑物的保护范围内严格控制建筑的原有高度，历史建筑与历史环境要素不允许拆除与改变，必须按照原风貌修缮。周围建筑也须按照原风貌修缮。	
		建设控制地带	保持原有巷弄尺度、比例。新增建筑高度控制在檐口高度 3.5 米以下、建筑形式为坡屋顶，体量不宜过大，颜色以黑、白、灰为主色调。	

图 B-3　岭五村追远亭保护与修护情况

历史建筑（构筑物）保护修复一览表				区位	建筑照片
序号	05	使用功能	饮用水来源		
名称	古井	占地面积（m²）	0.54		
保护类型	保护修缮	构筑物面积（m²）	0.54		
建筑年代	崇祯年间	构筑物材质	石板		
建筑描述	井栏一体成形，是由一块巨大的青石凿刻而成，栏周刻着"元辰己造及时新井"。据考，该井深数十丈，井内全用数米高的石板砌成。				
价值特点	村内古迹，重要历史要素，其井水甘甜可口，水温冬暖夏凉，在通自来水之前，一直是当地村民的重要饮用水来源。				

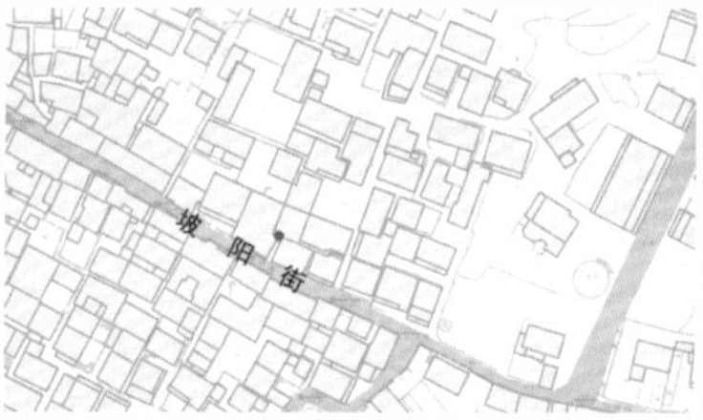

保护控制图	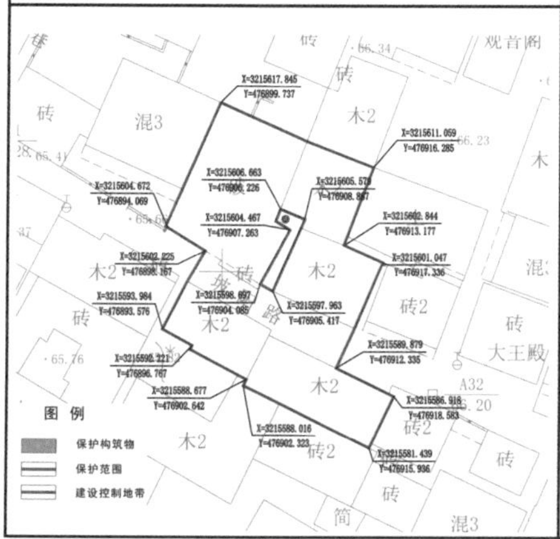	保护与整治措施		
		保护本体	规划对建筑保护本体进行保护，修复外立面破碎的墙面和构建，加强结构，作为传统古构筑物典范进行展示。	
		保护范围	保护构筑物的保护范围内严格控制建筑的原有高度，历史建筑与历史环境要素不允许拆除与改变，必须按照原风貌修缮。周围建筑也须按照原风貌修缮。	
		建设控制地带	保持原有巷弄尺度、比例。新增建筑高度控制在檐口高度 3.5 米以下、建筑形式为坡屋顶，体量不宜过大，颜色以黑、白、灰为主色调。	

图 B-4　岭五村古井保护与修护情况

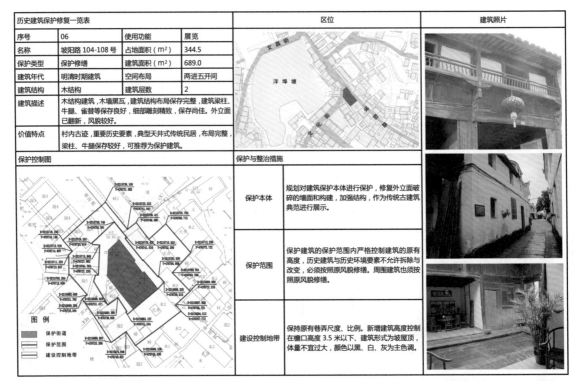

历史建筑保护修复一览表					区位	建筑照片
序号	06		使用功能	展览		
名称	坡阳路104-108号		占地面积（m²）	344.5		
保护类型	保护修缮		建筑面积（m²）	689.0		
建筑年代	明清时期建筑		空间布局	两进五开间		
建筑结构	木结构		建筑层数	2		
建筑描述	木结构建筑，木墙黑瓦，建筑结构布局保存完整，建筑梁柱、牛腿、雀替等保存良好，细部雕刻精致，保存尚佳。外立面已翻新，风貌较好。					
价值特点	村内古迹，重要历史要素，典型天井式传统民居，布局完整，梁柱、牛腿保存较好，可推荐为保护建筑。					

保护控制图	保护与整治措施	
图 例 保护街道 保护范围 建设控制地带	保护本体	规划对建筑保护本体进行保护，修复外立面破碎的墙面和构建，加强结构，作为传统古建筑典范进行展示。
	保护范围	保护建筑的保护范围内严格控制建筑的原有高度，历史建筑与历史环境要素不允许拆除与改变，必须按照原风貌修缮。周围建筑也须按照原风貌修缮。
	建设控制地带	保持原有巷弄尺度、比例。新增建筑高度控制在檐口高度3.5米以下、建筑形式为坡屋顶，体量不宜过大，颜色以黑、白、灰为主色调。

图 B-5　岭五村坡阳路 106 号保护与修护情况

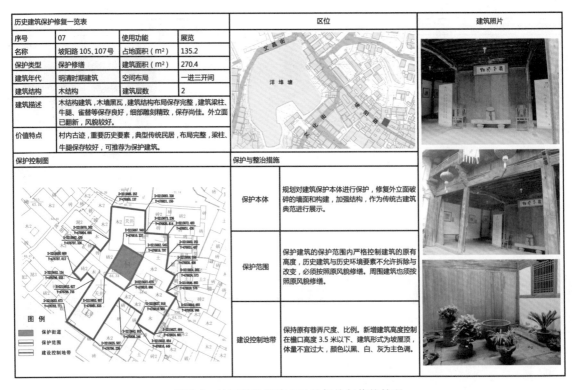

历史建筑保护修复一览表					区位	建筑照片
序号	07		使用功能	展览		
名称	坡阳路105、107号		占地面积（m²）	135.2		
保护类型	保护修缮		建筑面积（m²）	270.4		
建筑年代	明清时期建筑		空间布局	一进三开间		
建筑结构	木结构		建筑层数	2		
建筑描述	木结构建筑，木墙黑瓦，建筑结构布局保存完整，建筑梁柱、牛腿、雀替等保存良好，细部雕刻精致，保存尚佳。外立面已翻新，风貌较好。					
价值特点	村内古迹，重要历史要素，典型传统民居，布局完整，梁柱、牛腿保存较好，可推荐为保护建筑。					

保护控制图	保护与整治措施	
图 例 保护街道 保护范围 建设控制地带	保护本体	规划对建筑保护本体进行保护，修复外立面破碎的墙面和构建，加强结构，作为传统古建筑典范进行展示。
	保护范围	保护建筑的保护范围内严格控制建筑的原有高度，历史建筑与历史环境要素不允许拆除与改变，必须按照原风貌修缮。周围建筑也须按照原风貌修缮。
	建设控制地带	保持原有巷弄尺度、比例。新增建筑高度控制在檐口高度3.5米以下、建筑形式为坡屋顶，体量不宜过大，颜色以黑、白、灰为主色调。

图 B-6　岭五村坡阳路 105 号保护与修护情况

附录 C　莲都高速沿线农房建筑色彩统计及分析

图 C-1　高速沿线村庄建筑立面协调统一程度统计及分析

高速沿线村庄地貌类型特征统计及分析

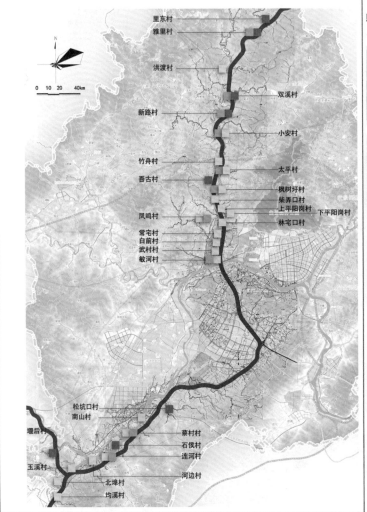

照片

平原村

坡地村

滨水村

图例

坡地村8个 27.6% 平原村21个 72.4%

滨水村10个 34.4% 其他19个 65.6%

平原村 坡地村 滨水村

平原村： 村庄建筑所在区域地势较为平缓，高差范围在10米以内

坡地村： 村庄建筑坐落在山脚，所在区域地势坡度较大，高差范围在10米以上

滨水村： 村庄在可见范围内靠近溪流或河流等水系

特征及问题：

1. 按地貌特征分类，沿线村庄农房地貌类型主要分为平原村、坡地村两大类，两类村庄中部分亦为滨水村。其中平原村21个，分别为洪渡村、竹舟村、柴弄口村、小安村、太平村、枫树圩村、凤鸣村、上平阳岗村、下平阳村村、林宅口村、常宅村、白前村、武村村、敏河村、河边村、南山村、蔡村村、连河村、玉溪村、北埠村、均溪村，占此次规划设计范围内村庄总数72.4%；坡地村8个，分别为雅里村、双溪村、新路村、吾古村、松坑口村、石侯村、墙后村、里东村、石侯村，占27.6%。沿线村庄中滨水村为10个，分别为雅里村、双溪村、新路村、小安村、太平村、枫树圩村、凤鸣村、敏河村、连河村、蔡村村，占34.4%。

2. 坡地村和滨水村主要分布于沿线北部村庄，其余区段主要为平原村。

图 C-2　高速沿线村庄地貌类型统计及分析

高速沿线村庄界面特征统计及分析

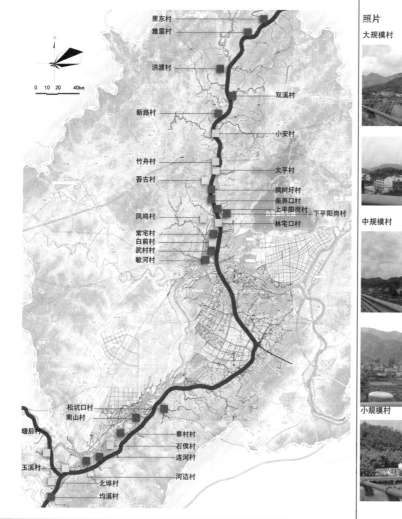

照片

大规模村

中规模村

小规模村

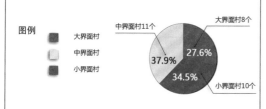

图例

大界面村

中界面村

小界面村

中界面村11个　　　　　大界面村8个

37.9%　　27.6%

34.5%

小界面村10个

大界面村：高速沿线村庄延伸面长度在700米以上

中界面村：高速沿线村庄延伸面长度在300米到700米之间

小界面村：高速沿线村庄延伸面长度在300米以下

特征及问题：

1.根据村庄沿高速延伸面长度的不同，沿线村庄可分为大界面村、中界面村、小界面村三类。其中大界面村8个，分别为均溪村、连河村、河边村、南山村、双溪村、洪渡村、雅里村、里东村，占此次规划设计范围内村庄总数27.6%；中界面村11个，分别为北埠村、玉溪村、堰后村、石侯村、林宅口村、凤鸣村、白前村、吾古村、太平村、竹舟村、小安村，占37.9%；小界面村10个，分别为蔡村村、松坑口村、敏河村、武村村、常宅村、下平阳岗村、上平阳岗村、柴弄口村、枫树圩村、新路村，占34.5%。

2.大界面村主要分布于沿线北部，小界面村集中分布于沿线中部区段。

图 C-3　高速沿线村庄界面特征统计及分析

高速沿线村庄建筑高度与体量特征统计及分析

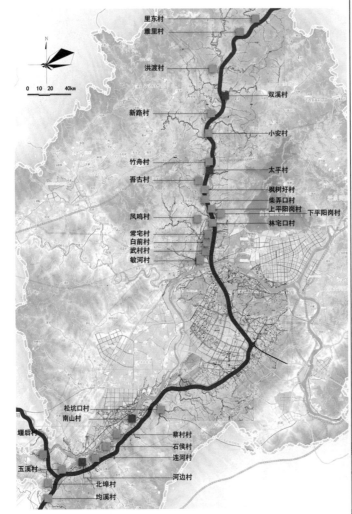

照片

集镇型村落

新建型村落

传统型村落

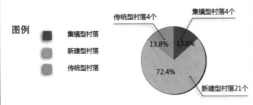

图例

- 集镇型村落
- 新建型村落
- 传统型村落

集镇型村落: 有较多层数在4层以上的建筑, 且村庄与所在乡镇相接

新建型村落: 50%以上村庄建筑的层数为3层及以上, 且村庄不与所在乡镇相接

传统型村落: 50%以上村庄建筑的层数为2层及以下, 且村庄不与所在乡镇相接

特征及问题:

1.根据村庄建筑高度与体量分类, 沿线村庄可分为集镇型村落、新建型村落、传统型村落三类。其中集镇型村落4个, 分别为河边村、南山村、太平村、双溪村, 占此次规划设计范围内村庄总数13.8%; 新建型村落21个, 分别为均溪村、北埠村、玉溪村、连河村、石侯村、蔡村村、松坑口村、敏河村、武村村、白前村、林宅口村、凤鸣村、下平阳岗村、上平阳岗村、柴弄口村、枫树圩村、吾古村、竹舟村、小安村、新路村、洪渡村, 占69.0%; 传统型村落4个, 分别为堰后村、常宅村、雅里村、里东村, 占17.2%。

2.沿线村庄主要为新建型村落, 传统型村落数量较少。

图 C-4 高速沿线村庄建筑高度与体量特征统计及分析

高速沿线村庄农房风貌特征统计及分析

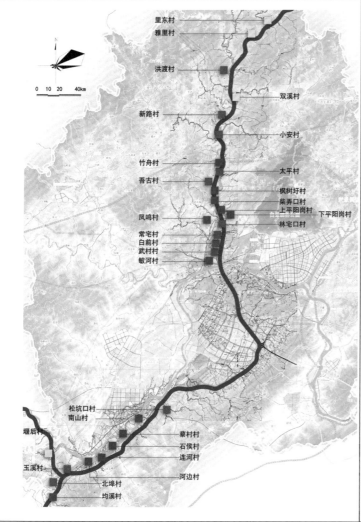

照片

乡土风貌

新旧混杂

现代风貌

图例

- 乡土风貌
- 现代风貌
- 新旧混杂

乡土风貌4个
13.8%

新旧混杂12个
41.8%

44.4%

现代风貌13个

乡土风貌：村庄建筑50%-70%为70年代遗留的传统风格建筑，均为盖瓦双坡顶，立面较陈旧。大多数属于一至二层砌体或木石结构，少部分为土坯房

现代风貌：村庄建筑70%以上为现代风格，是二至四层框架或砖混结构，质量良好

新旧混杂：村庄建筑30%~50%为70年代遗留的传统风格建筑，其余为现代风格建筑

特征及问题：

1.根据村庄农房风貌特征分类，沿线村庄可分为乡土风貌、现代风貌、新旧混杂三类。其中乡土风貌村4个，分别为里东村、雅里村、双溪村、堰后村，占此次规划设计范围内村庄总数13.8%；现代风貌村13个，分别为枫树圩村、竹舟村、柴弄口村、上平阳岗村、下平阳岗村、凤鸣村、敏河村、南山村、蔡村村、石侯村、连河村、河边村、均溪村，占44.8%；新旧混杂村12个，分别为洪渡村、新路村、小安村、太平村、吾古村、林宅口村、常宅村、白前村、武村村、松坑口村、北埠村、玉溪村，占41.4%。

2.乡土风貌村主要分布于沿线北部，沿线南部则多为现代风貌村。

图 C-5 高速沿线村庄农房风貌特征统计及分析

高速沿线村庄与高速距离统计及分析

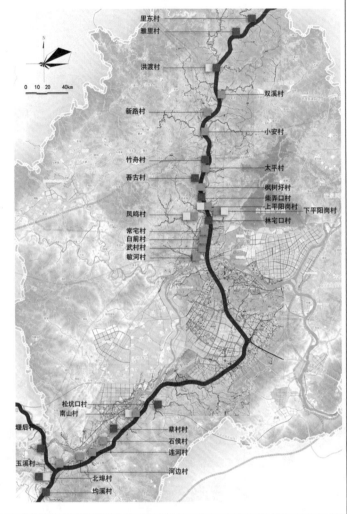

照片

近距离村

竹舟村

松坑口村

远距离村

凤鸣村

下平阳岗村

交通枢纽重要节点村

洪渡村

图例

- 近距离村
- 远距离村
- 交通枢纽重要节点村

近距离村12个 41.4%　远距离村17个 58.6%

近距离村：村庄建筑与高速最近距离在30米以内

远距离村：村庄建筑与高速最近距离在30米以上

交通枢纽重要节点村：村庄附近有高速服务区或加油站，或村庄与高速相交处设有高速收费站出入口，与通往其他区域的主要车行道路相接，为重要交通枢纽所在

特征及问题：

1.根据村庄建筑与高速公路距离的不同，沿线村庄可分为近距离村和远距离村两大类。其中近距离村12个，分别为均溪村、北埠村、堰后村、蔡村村、松坑口村、林宅口村、柴弄口村、吾古村、竹舟村、洪渡村、雅里村、里东村，占此次规划设计范围内村庄总数41.4%；远距离村17个，分别为玉溪村、南山村、连河村、河边村、敏河村、武村村、白前村、常宅村、凤鸣村、下平阳岗村、上平阳岗村、枫树圩村、太平村、新路村、双溪村、石侯村、小安村，占58.6%。

2.沿线村庄中6个村庄为交通枢纽重要节点村。其中洪渡村、南山村及北埠村设有高速收费站，位于交通枢纽附近；凤鸣村、下平阳岗村、上平阳岗村则位于高速服务区附近。

图C-6　高速沿线村庄与高速距离统计及分析